DENNIS EIGHTEEN

DER PODCAST FÜHRERSCHEIN

REDLINE | VERLAG

DENNIS EIGHTEEN

DER PODCAST FÜHRERSCHEIN

Schritt für Schritt zum eigenen Podcast
– Konzept, Produktion und Business

Bibliografische Information der Deutschen Nationalbibliothek
Die Deutsche Nationalbibliothek verzeichnet diese Publikation in der Deutschen Nationalbibliografie. Detaillierte bibliografische Daten sind im Internet über http://dnb.d-nb.de abrufbar.

Für Fragen und Anregungen
info@redline-verlag.de

1. Auflage 2021

Türkenstraße 89
80799 München
Tel.: 089 651285-0
Fax: 089 652096

Redaktion: Britta Fietzke
Umschlaggestaltung: Karina Braun
Umschlagabbildung: Curiosity/ Shutterstock
Grafiken: Tobias Prießner
Satz: Helmut Schaffer, Hofheim a. Ts.
Druck: CPI books GmbH, Leck
Printed in Germany

ISBN Print 978-3-86881-837-6
ISBN E-Book (PDF) 978-3-96267-297-3
ISBN E-Book (EPUB, Mobi) 978-3-96267-298-0

Weitere Informationen zum Verlag finden Sie unter
www.redline-verlag.de
Beachten Sie auch unsere weiteren Verlage unter www.m-vg.de

INHALT

Für Jule und Henry

Hinweis zur gendergerechten Sprache.

Die Welt ist voller wunderbarer Menschen – die einen sind Frauen, die anderen Männer. Während sich wiederum andere keiner dieser beiden Kategorien zugehörig fühlen. Wieder andere sind auf der Suche nach ihrem Geschlecht oder wollen bzw. können sich nicht verorten. Wir alle sind kohlenstoffbasierte Lebewesen mit einem Herz, einer Seele, einem Gehirn und einem Körper. Und wir alle sind gleich viel wert.

Mir ist es wichtig, niemanden auszuschließen. Um dieser Haltung Ausdruck zu verleihen, habe ich mich um eine gendergerechte Sprache bemüht. In diesem Buch verwende ich daher das »*« bei Personenbezeichnungen. Mir ist bewusst, dass dieses Sternchen nicht der Weisheit letzter Schluss ist, aber es ist dennoch ein Zeichen, das ich als Signal meines festen Willens verstanden wissen will, dass es mir um jeden Erdling geht, welche*r sich vom Thema Podcasting begeistern lässt.

Bei englischen Begriffen gibt es keine Geschlechtszuweisung. »Podcaster«, »Host« oder »YouTuber« sind per se genderneutrale Bezeichnungen und benötigen daher keine weitere Kennzeichnung.

ALLE REDEN VON PODCASTS – DU ABER MACHST EINEN (ODER ZWEI …)

Jede hört Podcasts, jeder redet darüber. Im Freundeskreis werden Empfehlungen ausgetauscht und bei Partys gibt man mit der Entdeckung des neuen Insidertipps an: »Musst du unbedingt reinhören. Kennt noch keine*r. Ist aber echt geil. Das ist so'n Vogel, der redet über …« Auch die traditionellen Medien haben entdeckt, dass sich am Rande ihres Sichtfelds eine ganz neue und überaus lebendige Audiowelt entwickelt hat und rasant wächst. Allein die Begriffssuche auf *SPIEGEL ONLINE* wirft im September 2020 2.450 Treffer für »Podcast« aus. Wollen wir Google auch fragen? Hat es einen Mehrwert, die Zahl 826.000.000 niederzuschreiben?

Buzzword: Podcast! Kaum ein Begriff ist derzeit so allgegenwärtig wie dieses Kunstwort. Es setzt sich aus zwei Teilen zusammen: dem digitalen Abspielgerät »(i)Pod« und der Bezeichnung für die Verbreitung von Inhalten, also dem »(Broad)cast«. Es beschreibt serielle und meist abonnierbare Audio- oder Videoinhalte,[1] die über das Internet bezogen werden. Produzent*innen dieser Inhalte können ebenso Privatpersonen sein wie Medienhäuser und andere kommerzielle Anbieter. Soweit der langweilige Teil des Definitionsversuchs dessen, was durch das Kofferwort »Podcast« beschrieben wird. Viel spannender ist jedoch die Frage nach dem, was ein Podcast wirklich ist.

---

1 In diesem Buch konzentrieren wir uns im Schwerpunkt auf Audio-Podcasts.

Er ist ein Alltagsbegleiter, der in unseren Smartphones wohnt und uns neue Ideen, Unterhaltung, Informationen, Spaß, Orientierung, Inspiration, Zerstreuung und vieles mehr bietet. Die Stimmen der Podcaster werden schnell von Fremden zu Freund*innen, denen wir gerne erlauben, uns ins Ohr zu flüstern. Die Teilnehmer*innen meiner Podcast-Schulungen berichten mir regelmäßig von den Momenten, in denen sie ihren Lieblingspodcasts lauschen. Die Liste ist lang, aber typische Antworten sind: »beim Joggen«, »bei der Hausarbeit«, »beim Autofahren«, »beim Spazierengehen« – auch »im Bett zum Einschlafen« wird oft genannt. Als Podcaster ist man in deutlich privaten Situationen zu Gast und Podcaster dürfen den Hörer*innen ganz nah sein, wenn alle anderen auf Abstand bleiben soll.

Frage ich meine Seminarteilnehmer*innen nach den Titeln und Themen ihrer Lieblingspodcasts, werden neben den üblichen Verdächtigen wie *Fest und Flauschig, Lage der Nation* oder dem Corona-Podcast von Prof. Drosten oft Inhalte genannt, von denen ich oder die anderen Teilnehmer*innen zuvor noch nie gehört hatten. Das Angebot scheint unendlich, die Nischen unzählbar und die Interessen bunter als jede Blumenwiese zu sein. Aus diesem Grund gibt es immer Neues zu entdecken. Üblicherweise stelle ich die Frage nach den Lieblingsinhalten zu Beginn eines Workshops, denn sie ist für alle leicht zu beantworten, ein guter Opener, denn so ist das Eis schnell gebrochen und die Arbeit in der Gruppe kann beginnen. Ich wiederhole die Frage gerne in Pausen und im Nachgespräch unter vier Augen oder in kleinen Runden. Es sind diese geschützten Situationen, in denen die besonderen Podcast-Empfehlungen gegeben werden. Ohne viele Zuhörer*innen verraten die Teilnehmer*innen mir oft, welche Podcasts sie besonders emotional berühren. Hier erfahre ich von Audioangeboten, die überaus privat sind. Da gibt es den einen, der verschmitzt lächelnd zugibt, schlüpfrige Podcasts zu hören, und andere, die mit belegter Stimme von Podcasts zu Themen wie Depression, Schlafstörungen oder Trauerbewältigung berichten. Es sind diese Erzählungen, die zeigen, wie nah Podcaster ihren Hörer*innen kommen und wie privat das Podcast-Erlebnis sein kann. Sicher hilft dabei der Schutz des Kopfhörers, denn niemand bekommt mit, welchem sensiblen Thema gerade gelauscht wird. Auch der Effekt der Gewöhnung an die Stimme im Ohr trägt viel dazu bei, sich emotional dem öffnen zu können, was in einem Podcast besprochen wird. Erst sind die Podcaster Fremde, dann Freund*innen, dann Vertraute. Und das ist der Moment, in dem die Magie passiert – beziehungsweise passieren kann. Podcasts öffnen erst einmal die Ohren, dann die Herzen und manchmal sogar die Seele.

PODCASTEN LOHNT SICH!

Politiker*innen podcasten, Schauspieler*innen auch. Influencer*innen sowieso. Verlage produzieren am laufenden Band, Agenturen entwickeln Konzepte und Radiosender freuen sich über neue Verbreitungswege für ihren Content. Vereine, Verbände und Unternehmen melden sich zu Wort und verbreiten ihre Botschaften. Die eigentlichen Held*innen der Podcastwelt sind aber ganz andere: Es sind die Hobbyist*innen, die Aktivist*innen, die Nerds und Paradiesvögel, die die Podcast-Szene so bunt, lehrreich, unterhaltsam und aufregend machen. Dieses Buch ist eine Liebeserklärung an die schrägen Vögel, leidenschaftlichen Fachidiot*innen, fleißigen Tüftler*innen, Themenwälzer*innen und Entertainer*innen. Es zieht den Hut vor all denen, die etwas zu sagen haben und sich Gehör verschaffen – one ear at a time!

Es sind – wie zur Zeit der YouTube-Revolution – die unabhängigen Produzent*innen, die den »Großen« zeigen, wie es geht. Der Pioniersinn und die Kreativität der »Indies« hat neue Regeln definiert und die Vorlagen geliefert, an denen sich die klassischen Medienmacher*innen orientieren müssen, wollen sie in der Podcast-Welt erfolgreich sein.

Tontechniker*innen und Radiomacher*innen reiben sich verwundert die Augen und schütteln ihre Köpfe: »Was machen diese Podcaster denn da? So geht das doch nicht! So macht man das nicht!« Während die Profis noch die Nase rümpfen, zeigen die Indies schon, dass sie es sind, die sagen »was geht und wie man es macht.« Getreu Chase Jarvis' Mantra, dem CEO von Creative Live, liegt der Erfolg nicht im »Besser«, sondern im »Anders«.[1] Der Wettlauf um das beste (technische) Fachwissen und das tiefe Verständnis aller Regeln führt nicht zum Beschreiten neuer Wege. Und genau darum geht es den meisten Podcastern.

YouTuber sind keine Fernsehleute und Podcaster sind keine Radiomoderator*innen. Althergebrachte Regeln und Blaupausen sind vielen Content-Entwickler*innen entweder unbekannt oder egal. Die Welt des *User-Generated Content* ist wild und unkonventionell, manchmal schräg, oft unbeholfen, hin und wieder sogar unerträglich – aber nie geschmacksneutral oder gar langweilig. Das haben auch Vertreter*innen der Traditionsmedien erkannt und drängen mit Macht (und viel Geld) in die Streams und Playlists von Plattformen wie Spotify, Apple Podcasts, Google Podcast, Stitcher und Co. Selbst Institutionen wie *DIE ZEIT*, *DER SPIEGEL*, *NATIONAL PUBLIC RADIO* oder die ehemalige First Lady der USA Michelle Obama produzieren Podcasts nach den Spielregeln der Indies. Die Profis folgen dem Beispiel der Amateur*innen! Innovative Formate und eine gewisse Do-it-yourself-Attitüde führen auch bei den »Großen« zum Erfolg. Mit den Worten Commander Spocks: »Faszinierend!«

Podcaster ist kein Ausbildungsberuf. Der Schlüssel zum Erfolg liegt im eigenen Antrieb, der Lust aufs Machen und der Furchtlosigkeit gegenüber neuen Wegen. Dennoch gibt es viel zu lernen, auszuprobieren und viele Erfahrungen zu teilen. Meine Podcast-Seminare beginnen seit Jahren mit derselben Folie. Auf ihr steht in großen Buchstaben: »Wenn du etwas zu sagen hast, ... podcaste!«

Wenn du eine Leidenschaft hast und sie mit anderen teilen willst, dann ist dieses Buch für dich. Es soll helfen, ermutigen, Tipps geben und dich ein Stück auf deinem neuen Weg als Podcaster begleiten. Es geht hierin ein bisschen um Technik, weil sie sich schlicht nicht vermeiden lässt. Aber eigentlich steht die Idee – *deine* Idee – im Mittelpunkt. Und wie sie den Weg in die Ohren deines Publikums, also deiner Community findet. Technik kann man kaufen, aber Ideen muss man liebevoll ausbrüten, hegen und pflegen, füttern und großziehen. Also, worüber würdest du lieber reden: über Mikrofontypen und Sampleraten oder über Konzepte, Kreativität und Erfolg? – Eben! Ich auch!

In diesem Buch öffne ich meine Podcast-Werkstatt. Ich teile meine Erfahrungen von ungefähr 200 Folgen am Mikrofon, vielen Stunden als Leiter von Podcast-Seminaren und als Produzent für andere Podcaster. Für dieses Buch habe ich eine Reihe erfolgreicher Podcaster und Netzexpert*innen interviewt, die so großzügig waren, ihr Wissen und ihre Erfahrungen zu teilen. Sie melden sich im Laufe des Buches immer wieder zu Wort. Wenn du den ein oder anderen klugen Kopf genauer kennenlernen möchtest, scanne einfach an den entsprechenden Stellen im Buch den QR-Code mit deinem Smartphone. Dadurch landest du auf meiner Homepage, auf der ich eine Reihe von Praxisgesprächen hinterlegt habe. Die Aufnahmen sind jeweils 20 bis 30 Minuten lang und beschäftigen sich mit den unterschiedlichsten Aspekten des Podcastings. Die Podcast-Kolleg*innen teilen im Gespräch mit mir Tipps, Tricks und Erfahrungen. Verstehe die Praxisgespräche als Vertiefung und Ergänzung dessen, was du hier im Buch findest. Die Aufnahmen wurden bewusst mit verschiedenen technischen Set-ups durchgeführt, um dir zu zeigen, wie unterschiedlich Podcasts klingen können und um dir einen größeren Einblick in die Welt der Podcaster zu ermöglichen.

»Podcasts ergeben dann Sinn, wenn man sich auf sein Publikum einlässt. Ein Podcast ist ein Gesprächsangebot und keine Rundfunksendung. Die Leute sollen mitdenken, mitreden, mitfühlen … dabei sein.«

Kai Flockenhaus Coach, Sozialarbeiter und Podcasthost von *Ich und mein Crohn*

»Podcasts sind extrem gut geeignet, um Kompetenz zu zeigen und Vertrauen zu schaffen. Sie sind daher für ein effektives Content-Marketing besonders gut geeignet.«

Leif Neugebohrn, Strategieberater und Podcasthost von *überzeugungsarbeit.de*

Wir gehen in diesem Buch gemeinsam den gesamten Weg von der ersten Idee bis zum fertigen Podcast. Von Seite zu Seite steigen wir immer tiefer in die Themen rund um Technik, Ideenfindung, Konzeption und Marketing ein. Kapitel für Kapitel machen wir uns zusammen auf die Suche nach deinem Podcast-Erfolg. Wie dieser aussieht, liegt dabei ganz bei dir. Suchst du deinen Platz in einer kleinen, eingeschworenen Community oder willst du in möglichst vielen Kopfhörern ankommen? Hast du vor, mit deinem Podcast Geld zu verdienen oder brauchst du eine Visitenkarte im Netz, die dich als Expert*in bekannt macht? Treibt dich vielleicht etwas ganz anderes an? Lass uns loslegen und dich vom Pod-Fan zum Pod-Profi machen!

WENN ICH MICH VORSTELLEN DÜRFTE

Bereits auf den vorherigen Seiten dieses Buches begegnete dir ein »Ich«. Dieses Personalpronomen (erste Person, Singular) bezeichnet in diesem Fall Dennis Eighteen. Also: mich! Es ist an der Zeit, mich höflich vorzustellen. Und bevor du fragst: Ja, Dennis Eighteen ist mein tatsächlicher Name. Der Vorname ist dem Konsens meiner Eltern geschuldet, die 1975 dachten, einen »ganz außergewöhnlichen« Namen für ihren Sprössling ausgesucht zu haben. Das war leider eine Fehlannahme. Während meine Mutter auf der Entbindungsstation lag, wurde sechs weiteren Babys dieser Name gegeben und in meiner Schulklasse gab es gleich drei von dieser Sorte. Dies führte dazu, dass sich meine Klassenlehrerin Frau Schopf damit behalf, mich mit meinem Nachnamen anzusprechen – der in der Tat außergewöhnlich ist. Mein Vater brachte ihn aus England mit, als er sich als junger Mann für ein Leben in der Freien und Hansestadt Hamburg entschied. Eine offizielle Erklärung für die Herkunft des Namens hatte er nicht im Gepäck – nur eine Piratengeschichte, deren Wahrheitsgehalt sich nicht überprüfen lässt. Irgendetwas mit britischen Strafgefangenen, die in Australien ohne Nachnamen angekommen seien und schlicht durchnummeriert würden. Später machten sich diese Outlaws mit numerischen Nachnamen auf den Weg zurück ins Herz des Königreichs, zeugten Nachkommen und siedelten sich unter anderem in der hübschen Kleinstadt Horsham an. Ob es sich bei dieser Geschichte um Seemannsgarn oder um einen Tatsachenbericht handelt, wird wohl für immer im Dunkeln bleiben müssen. Wenn ich es mir recht überlege, könnte man eine spannende Podcast-Folge daraus machen.

Der Verlag wünschte sich den Titel *Podcast-Führerschein* für dieses Buch. Ergo steht mir der distinguierte Titel des Podcast-Fahrlehrers zu. Klingt gut! Und »gut zu klingen« ist das Ziel eines jeden hochwertigen Podcasts. Im Hauptberuf bin ich Prokurist bei der Kommunikationsagentur ASK.Berlin. Nebenberuflich arbeite ich als Nerd, Ausprobierer und Überzeugungstäter – und seit 2014 als Podcaster. Außerdem steht auf meiner viel zu langen (imaginären) Visitenkarte: Toy-camera-Fotograf, Zinster, Autor, YouTuber a. D. und Seminarleiter.

Vieles von dem, was ich mache, dreht sich um die Thematik des bereits erwähnten User-Generated Content. Mich begeistern Leute, die einfach loslegen und sich nicht um Normen oder Spielregeln scheren. Ich lasse mich gerne von kreativer Energie und Mut verzaubern. Außerdem bin ich der festen Überzeugung, dass jeder Mensch kreativ ist. In jeder Person steckt dieser Funke, der Augen mit neuen Ideen zum Leuchten bringt. Viele wissen nicht um ihre kreativen Fähigkeiten oder verneinen sie geradzu. Das ist schade! Aber dagegen lässt sich etwas tun. In diesem Sinne schreibe ich nun dieses Buch, das laut in die Welt rufen soll: »Trau dich! Denk dir etwas aus. Probiere Neues. Und schaffe etwas, das andere bewegt!« Und das geht eben wunderbar mit Podcasts.

Ich liebe Podcasts. Kaum tippe ich diese Wörter, höre ich die Stimme des ehemaligen Bundespräsidenten Gustav Heinemann in meinem Podcast-verliebten Ohr. Er bittet mich darum, diese Aussage zu relativieren. Ok, Gustav, wenn es denn sein muss. Lass es mich in deinem Sinne so formulieren: »Ich liebe meine Frau. Fertig.« Aber Podcasts finde ich richtig gut! Ich höre sie, ich produziere sie, ich rede drüber und das nun auch noch schriftlich.

Die ersten Zeilen dieses Buches entstanden im ICE zwischen Berlin und Bonn – zwischen Metropole und Provinz. Gute fünf Stunden Bahngeratter, Kindergeschnatter sowie Handy- und Tastaturgeklapper. Um diese Geräuschkulisse auszuschalten, ging der Griff mal wieder zum Kopfhörer. Wie so viele im Wagen 31 des ICE 556 verkroch auch ich mich in meine eigenen Gedanken. Die Tür zum Kopf – pardon, Türen(!) zum Kopf – sind die Ohren. In meinen Gehörgang dringen Naturgeräusche: ein merkwürdiger Podcast, der nichts liefert außer Vogelgezwitscher, das Rauschen des Windes und das Plätschern eines Gebirgsbachs. Manchmal auch Meeresrauschen oder tropischen Regen. Auf dieses Klangbett gebettet, drifteten die Erinnerungen in die Zeit, als ich meinen ersten »Podcast« aufnahm.

Es war das Jahr 1996. Meine Technik? Ein Kassettenrecorder mit eingebautem Mikrofon. Zum Abspielen hatte ich einen Walkman. Mein Content? Die Inhalte meiner Abiturprüfungen. Abschnitt für Abschnitt hangelte ich mich durch die Vorbereitungsunterlagen und las die wichtigsten Inhalte auf Band. Auf dem Weg zur Schule lauschte ich den Episoden und trichterte mir auf diesem Weg den Stoff, den der Lehrplan vorsah, ins Gehirn. Mein »Pod« war ein tragbarer Kassettenspieler von AIWA; der »Cast« blieb auf die Reichweite meiner Ohren beschränkt. Marketing-Gurus wie Seth Godin würden wahrscheinlich von einer MVA sprechen, einer Minimal Viable Audience, also der kleinstmöglichen sinnvollen Zielgruppe. Mein Publikum bestand aus mir selbst. Mein erster »Podcast« war rein analog und blieb der Öffentlichkeit verborgen. Dennoch war er überaus erfolgreich, denn ich entdeckte das Hören als effektiven Lernkanal. Das Büffeln fiel mir mit dem Walkman-Trick viel leichter und ich überwand die Hürden einer milden (aber durchaus frustrierenden) Form der Leseschwäche. Das Abitur wurde mit 1,7 abgeschlossen. Auf Neudeutsch würde man dies wohl »Proof of Concept« nennen. Oder in meinen Worten: hat geklappt! Neben dem Abiturerfolg führte dieses Experiment zu einer weiteren Erkenntnis: Das selbstgemachte Hörerlebnis zeigte mir, dass der Audiokanal für mich nicht nur als Hörer eine Freude ist, sondern auch als Sprecher. Mir machte das Lernen und die Produktion des Audiocontents großen Spaß. Ich war angefüttert. Ich wollte mehr davon!

Interessanterweise verschoben sich weitere Podcast-Produktionen um gut achtzehn Jahre nach hinten. Erst 2014 begann ich aufs Neue – nun aber ordentlich. Wöchentlicher Content, mehrere Podcasts, Community-Aufbau, passende Social-Media-Kanäle, Heimstudio ... und ab 2018 machte ich mein Hobby teilweise zum Beruf.

Die Kommunikationsagentur, in der ich im Sommer 2018 den Dienst antrat, hatte im Keller ein schickes kleines Kino. Schallabsorber an den Wänden, plüschige Kinositze, schalldichte Tür ... alles, was man für nette Kinoabende im Kreise der Agenturkolleg*innen braucht. Es gab nur ein Problem: Niemand nutzte dieses Lichtspielhaus im Untergeschoss. Als erfahrener Hobby-Podcaster stellte ich mir die Frage, warum man nicht ein Podcast-Studio daraus machen könnte. Gesagt, getan. Ein paar Mikrofone und Kabel später stand es da, das neue Studio, und war – wie wir fanden – natürlich das schönste Podcast-Studio der Hauptstadt. ASK.Berlin stieg somit offiziell ins Podcast-Geschäft ein. Konzepte wurden entwickelt, Folgen produziert, Tonspuren gemischt und Vermarktungsmodelle entwickelt.

Während ich damit begann, mich beruflich mit Podcasts zu beschäftigen, trieb ich meine eigenen Projekte mit frischer Energie und viel Liebe voran. Neben dem »Mutterschiff«, dem *Dennis Eighteen Podcast für Kommunikation, Kreativität und Haltung* entstanden verschiedene Nebenprojekte. Die kleinen »Beiboote« entwickelten sich schnell zu eigenständigen, hochseetauglichen Schwimmschiffen.

Mein Herzensprojekt *Traumbilder – Der Entspannungs-Podcast* verbindet meine Leidenschaft für die Fotografie mit dem Bedürfnis nach Entspannung. Die Idee: Ich lese meine Fotos vor und dabei entspannen sich die Hörer*innen. Klingt einfach gut, aber gleichzeitig ziemlich merkwürdig. Also genau das Richtige für einen Podcast! Die Audiostücke fallen sicher in die Kategorie der geleiteten Meditationen, aber sie passen in keine konventionelle Schublade – dennoch oder deswegen haben sie ihr Publikum gefunden. Bereits über 120.000-mal klickten ruhesuchende Podcast-Fans auf meine Folgen bis dato. Begleitet von sanfter Musik beschreibe ich, was ich auf ausgewählten Fotos sehe und erlaube meinen Gedanken dabei, frei zu driften und eigene Wege zu finden. Die assoziativ verbalisierten Denkwege führen unter Einbeziehung von Elementen des autogenen Trainings und der progressiven Muskelrelaxation beim Publikum zu Ruhe und Entspannung. Noch ein wenig Atemtechnik obendrauf und fertig ist das kostenlose Wellnessprogramm für Körper, Geist, Seele und Ohren.

Mein Hauptpodcast trägt meinen Namen. Er hat sich über die Jahre verändert, so wie ich es auch getan habe: Er ist mit mir gewachsen, ist in Sackgassen gelaufen, ist umgedreht und hat sich neue Wege gesucht. Er begann mit dem Thema Fotografie und entwickelte sich kontinuierlich weiter zu einem Audioangebot, das den Dreiklang aus Kommunikation, Kreativität und Haltung abbildet. Ich folgte bei der Themenfindung meinen eigenen Interessen und hoffte auf ein Publikum, das diese teilt. Ich interviewte Gäste, die ich selbst spannend fand und ging davon aus, dass es anderen sicher genauso gehen würde. Und ich sprach über Inhalte, die mich persönlich bewegten. Dieser Podcast ist alles andere als zielgruppenspezifisch oder strategisch produziert. Er entstand aus einer Laune heraus und ich ließ ihn einfach laufen und wartete ab, ob es noch jemand »da draußen« gab, der meiner Stimme lauschen wollen würde. In diesem Buch gebe ich viele Tipps, wie man einen Podcast plant und umsetzt, bei meinem eigenen Hauptpodcast habe ich jedoch all diese Hinweise oft ignoriert. Auch das kann ein Tipp sein: Brich alle Regeln, wenn du es willst – es ist schließlich dein Podcast! An dieser Stelle erlaube ich mir mit großer Freude, Bon Jovi zu zitieren: »The rules we've made are meant for breaking«[2]. Das passiert mir nicht oft, aber wenn es dann passt, sei es mir erlaubt.

Meine Gäste sind sehr unterschiedlich. Am Mikrofon gegenüber von mir saßen über die Jahre Comedians wie Till Reiners und Nina LaGrande, die Musiker Markus Siebert und Pivo Deinert, der Socialperneur Jörg Richert, die Künstlerin Judith Döker, die Autor*innen Tamina-Florentine Zuch und Christian Cohrs ebenso wie der Businesscoach Marcus Disselkamp und US-Wahlkampfexperte Julius van de Laar, um nur ein paar zu nennen. Sie alle verbindet, dass sie mich wirklich interessieren, dass sie mich neugierig machen. Ich lade meine Gäste nie zu Interviews ein – ich bitte vielmehr zum Gespräch. Ich will unterbrochen werden, will gemeinsam albern sein und Themen wälzen. Manchmal klappt es besser, manchmal schlechter. Wenn es richtig gut läuft, vergessen mein Gast und ich die Zeit sowie die Tatsache, dass es Zuhörer*innen gibt, wir also so gesehen nicht »allein« sind. Da wird auch schon mal gemeinsam gesungen und Gitarre gespielt. Erlaubt ist, was die Gesprächspartner*innen untereinander und das Publikum verbindet.

> *»Bei Dennis zu Gast zu sein, fühlt sich an wie ein Gespräch unter Freunden. Das liegt an seiner herzlichen, entspannten Art und der ehrlichen Neugier, die er seinen Gästen entgegenbringt.«*
>
> Judith Döker,[3] Fotografin, Filmemacherin, Autorin und Schauspielerin

»Mit seinem Charme, seiner Neugier und seinem Einfühlungsvermögen integriert Dennis jeden seiner Podcast-Interviewpartner. Man hat einfach Lust – ganz ungezwungen – mit ihm zu reden, zu diskutieren und sich dabei für die Podcast-Zuhörer zu öffnen.«

Dr. Marcus Disselkamp,[4] Businesscoach,
Autor und Podcaster

WEITERE PODCASTS AUS MEINER WELT

Tägliche Tipps für Kreative

Ein Auftraggeber bat mich, ein Seminar zu konzipieren, in dem es um die Podcast-Produktion mit dem Smartphone gehen sollte. Der Wunsch war naheliegend. Seit Jahren unterrichte ich Gruppen in der Kunst, mit dem Handy professionelle Fotos und Videos zu erstellen. Da war das Audiothema der logische nächste Schritt.

Um mich auf den Workshop vorzubereiten, stürzte ich mich 34-mal täglich in die Aufnahme einer Podcast-Folge. Ich wollte nicht nur sehen, wie die Produktion mit dem Smartphone technisch funktionierte, sondern außerdem die Logik des Daily Podcasts testen. Wie würde es sein, täglich ein Thema zu finden, es vorzubereiten und die Aufnahme sowohl verlässlich als auch pünktlich in den Kasten zu bekommen? Die Wahrheit: Es war stressig. Aber auch irgendwie aufregend. Der TTfK-Podcast war anders als meine anderen Projekte. Die Folgen waren kurz und knackig. Maximal fünf Minuten zu einem Thema und scharf auf die Bedürfnisse einer definierten Zielgruppe ausgelegt. Meine Rolle als Podcaster veränderte sich vom Geschichtenerzähler und Interviewer zum Dienstleister.

Die niedrigste aller technischen Hürden: die ausschließliche Arbeit mit dem Smartphone sorgte dafür, dass es mir gelang, zwei Staffeln durchzuhalten. Dann kam der Alltag und das Projekt schlief ein. Auch das gehört dazu. Dem Hauptziel, mich gewissenhaft auf das Smartphone-Podcast-Seminar vorzubereiten, hat der tägliche Griff zum Handy große Dienste erwiesen. Die Teilnehmenden gingen mit zwei zentralen Erkenntnissen aus dem Kurs. Erstens: Ein gutes Konzept ist immer wichtiger als die perfekte Technik. Und zweitens: Unsere Telefone sind immer dabei, sind einfach zu bedienen und liefern eine richtig gute Qualität. Nichts steht nun dem Machen im Weg. Kein Budget, keine Zugänge zu Studios oder viel technisches Know-how. Übersetzt heißt das: Es gibt keine Ausreden mehr! Leg einfach los!

#thefutureisunwrittennow

Neben meinen Kommunikations-, Tipps- und Entspannungspodcasts war eigentlich kein Raum für ein weiteres ernsthaftes Pod-Projekt. Aber wenn eine Powerfrau wie Deborah Ruggieri fragt, ob man mit ihr die Zukunft neu schreiben wolle, sagt man nicht Nein. *#thefutureisunwrittennow* ist ein äußerst politischer Podcast, der seine Energie aus dem Weltverbesserungsdrang seiner Gäste (und der Hosts) zieht: Minimalismus, Feminismus, Bildung und Digitalisierung sind nur einige der Themen, die die Aktivist*innen ins Studio brachten.

Die Produktion dieses Podcasts geschieht im professionellen Umfeld des ASK.Pod Studios in Berlin-Schöneberg. Die Gäste bekommen einen leckeren Agenturkaffee, bestaunen die Architektur der ehemaligen Druckerei unweit vom Drehort der ZDF-Serie *Praxis Bülowbogen*. Die Kinositze im Studio, das gedämpfte Licht, die schicken Mikrofone … all das macht einen tollen Eindruck und lädt zum Arbeiten ein. Der Sound ist so, wie er sein soll: sauber, fett und flauschig. Was aber wirklich den Weg durch die Ohren ins Bewusstsein der Hörer*innen findet, ist die Meinungsstärke und das Engagement der Weltverbesser*innen, die Deborah vor die Mikrofone lockt. Als Co-Host nehme ich mir den Luxus heraus, meine inhaltliche Vorbereitung auf wenige Punkte zu reduzieren. Ich will, bevor die Aufnahmetaste gedrückt wird, nicht viel über die Gäste wissen – Name, Oberthema und zwei, drei Lebensstationen: Das reicht. Der Rest ist reine Neugier. Zuhören, doofe Fragen stellen und engagiert diskutieren. So macht es Spaß, die Quelle des Feuers unserer Gäste zu entdecken. Welcher Radiosender würde mir diese Herangehensweise gestatten? Aber ich muss ja niemanden fragen – außer Deborah. Aber sie scheint Spaß an meiner Art der politischen Schatzsuche zu haben. Sie wiederum ist detailverliebt und gewissenhaft in ihrer Vorbereitung. Auch sie begibt sich auf die politische Entdeckungsreise. Während mir ein Kompass reicht, besteht sie auf einer präzisen Landkarte. Zusammen kommen wir immer ans Ziel. Als Podcast-Duo entlocken wir unseren Gästen gemeinsam, wie sie die Zukunft schreiben wollen – und wie wir dabei mithelfen können.

> *»Eine Reise in das ›Anders-Machen‹ starten – eine Reise angeregt durch die inspirierende Kraft von Menschen, die sich nicht mit dem Status quo abfinden möchten – eine Reise, die bewegt und bewegen darf. Das alles ist der Podcast #thefutureisunwrittennow. Es gibt so viele Dinge auf der Welt, die anders laufen dürfen – doch das Beklagen über den Zustand der Welt lässt sich vergeblich suchen. Im Gegenteil, es geht darum, Menschen einen Raum zu geben, die tagtäglich etwas ändern und besser machen möchten. Dabei ist die Mischung und das Format hochspannend – der Dialog, das einfache Gespräch, ohne Chichi – keine Agenda, nur das Framing, in dem wir uns bewegen. Dafür hat der Podcast umso mehr Kraft, weil es um das Zuhören, Hinhören und Machen geht! Dafür ist das Format eines Podcasts ideal – in keinem anderen Medium gibt es dafür so ungeschminkt Raum und Zeit!«*
>
> Deborah Ruggieri,[5] Coach, Künstlerin und Podcaster

TEIL 1: KONZEPT

In diesem Kapitel gibt es einige Mini-Workshops und Übungen, die dir helfen sollen, dein individuelles Konzept zu entwickeln. Ich würde mir wünschen, dass du dich auf die Arbeitsschritte einlässt. Du wirst sehen, sie führen dich Stück für Stück zum Ziel: den Moment, an dem du erstmals auf den »Veröffentlichen«-Button klickst und der Welt deinen Podcast vorstellst.

WELCHE ZIELE HABEN PODCASTS?

»Jeder Jeck ist anders«, sagt man im Rheinland – und was für Karnevalist*innen gilt, stimmt auch für Podcasts: Jeder Podcast ist individuell. Es gibt Genres und Produktionsweisen, die sich vergleichen lassen und es können unterschiedliche Podcast-Familien beschrieben werden. Aber jede Liste ist unvollständig und wird es bleiben. Es gibt unendlich viele Audioangebote in den Podcatcher-Apps wie Spotify, iTunes, Google Podcast, Deezer, Stitcher usw. zu entdecken. Außerdem sitzt bestimmt gerade in diesem Augenblick jemand vor seinem Smartphone und beginnt mit der Aufnahme des nächsten revolutionär anderen Podcasts.

Mit dieser Information vorweg lassen sich vier große Hauptkategorien identifizieren und anhand ihrer Zielsetzung definieren: Die einen wollen informieren, die anderen wollen überzeugen, unterhalten oder inspirieren. Zwischen diesen vier Polen lassen sich die meisten Podcasts einsortieren. Natürlich gehört kein Podcast zu 100 Prozent in eine der Kategorien, vielmehr sind es die unterschiedlichen Schnittmengen, die die Podcasts definieren.

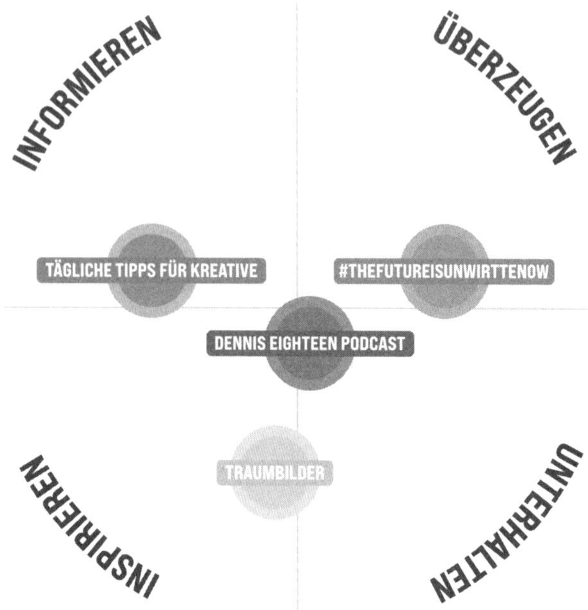

Vier-Feld-Matrix: Zielsetzung des Podcasts

DIE MOTIVATION HINTER EINEM PODCAST: »SCRATCH YOUR OWN ITCH« VS. »PROVIDE A SERVICE«

Zudem lassen sich Podcasts auch auf der Basis der Motivation klassifizieren. An einem Ende der Skala stehen die »Scratch Your Own Itch«-Produktionen, die Podcaster in Wahrheit für sich selbst aufnehmen, weil sie über etwas reden wollen, was sie bewegt. Hier geht es in erster Linie darum, sich mit dem individuellen Herzensthema auseinanderzusetzen und ein Angebot zu schaffen, das man selbst gerne hören würde. Unabhängig von den Bedürfnissen eines Zielpublikums entstehen aufregende Projekte, denen man die Leidenschaft für ein Thema in jeder Sekunde anmerkt.

Am anderen Ende des Spektrums sind die »Provide a Service«-Angebote zu verorten. Die Produzent*innen erstellen Content, um einer bestimmten Zielgruppe einen spezifischen Mehrwert zu bieten. Der Podcast wird so zum Produkt, das auf ein bestimmtes Marktsegment abgestimmt ist.

Skala der Motivation hinter dem Podcast

Aus beiden Ansätzen kann sich eine große Motivation ergeben: Entweder erstelle ich Inhalte, die mir selbst Freude machen und erlebe die Zustimmung anderer als willkommenen Bonus. Oder ich sehe meinen Podcast als Produkt und bediene mit ihm einen spezifischen Markt. Beide Herangehensweisen können zu Höchstleistungen anspornen und zu großem Erfolg führen. Wie bei allen Kreativprojekten muss jede*r für sich selbst erkunden, aus welcher Quelle sich die Schaffenskraft speist. Sprudelt sie im Podcaster selbst (intrinsische Motivation) oder kommt sie von außen (extrinsische Motivation)? Wichtig ist vor allem, dass man sich zu Beginn im Klaren ist, mit welcher Haltung man in das Projekt startet.

Betrachte ich meine eigenen Podcasts, stelle ich fest, dass sie sich nicht an den extremen Enden der Skala befinden. Sie sind keineswegs »nur für mich« oder »gezielt für andere«, stattdessen sind sie irgendwo dazwischen und existieren im Spannungsfeld beider Pole.

Bei meinem *Traumbilder*-Podcast befinde ich mich zum Beispiel eher auf der Seite »Provide a Service«. Unsere hyperbeschleunigte

Zeit stellt für viele Menschen eine hohe Belastung dar und sie suchen daher nach Ruhe und Entspannung. Ich sehe also ein großes Bedürfnis nach Wellnessangeboten und erstelle Inhalte, die genau diesen »Markt« bedienen. Das macht meinen Podcast zu einem Produkt. Die Ausgestaltung des Podcasts hingegen würde ich eher auf der »Für mich selbst«-Seite der Skala markieren. Es gibt viele Entspannungs-CDs und Podcasts, die meditative Inhalte bieten. Aber keiner ist wie meiner. Das liegt daran, dass ich mich bei der Suche nach dem passenden Konzept darauf konzentriert habe, was mir selbst gefallen würde. Als leidenschaftlicher Fotograf liebe ich es, mich in Fotos zu versenken. Ich genieße es, sie ausführlich zu betrachten und meine Fantasie durch sie anregen zu lassen. In meinem Podcast teile ich meine Gedanken mit meinem Publikum. Wer mich kennt, weiß, dass ich auch ohne ein dankbares Publikum gerne und ausführlich über Bilder spreche. *Traumbilder* existiert also, weil ich einen Markt für dieses Produkt sehe. Die Form des Podcasts beruht aber auf dem, was mir selbst Freude macht.

Innerhalb der bestehenden Folgen gibt es einige Sonderausgaben, die nicht der üblichen Machart des Podcasts folgen, sondern eher in der bekannten Form von Fantasiereisen produziert sind. Ich beschreibe hier nicht wie üblich Fotos. Ich leite die Hörer*innen vielmehr durch die klassischen Stationen der populären Entspannungstechnik. Ich hatte die erste dieser Sonderfolgen eigentlich aufgenommen, weil ich Lust auf Abwechslung hatte. Bei der Betrachtung der Downloadzahlen stellte ich aber fest, dass diese Folge viel erfolgreicher war als viele andere auf meinem Kanal. Der Markt hatte also gesprochen. Entsprechend wurden weitere Fantasiereisen produziert, die das durch die Statistiken beschriebene Bedürfnis der Zielgruppe bedient. Ich habe mich also mit diesen Sonderepisoden meines Podcast auf der beschriebenen Skala ein wenig in die Richtung des »Provide a Service« bewegt.

Der Podcast *Ich und mein Crohn*, der vom als LOMTRO bekannten YouTuber Kai Flockenhaus betrieben wird, lässt sich als interessanten

Vergleich heranziehen, denn Kai war viele Jahre von gesundheitlichen Problemen geplagt. Lange fand niemand den Grund seiner Leiden. Nach einer schier unendlichen medizinischen Odyssee wurde die chronische Darmkrankheit Morbus Crohn bei ihm diagnostiziert. Ein großer Schreck, aber immerhin: Es gab endlich eine Antwort auf die Frage nach dem Grund für Schmerzen und Gewichtsverlust.

Dann eines Tages – an Kais Hochzeitstag, um genau zu sein – ging er mit seiner Frau Spargel essen, brach unter Schmerzen zusammen und landete auf der Intensivstation. Darmriss! Hätte seine Frau nicht so schnell reagiert und 112 gewählt, gäbe es Kai vermutlich nicht mehr auf diesem Planeten. Was war passiert? Die Fasern des Spargels hatten sich im Darm verknotet und ein Loch in die dünne Wand des Darms gerissen. Weiß doch jeder, dass man mit Morbus Crohn keinen Spargel essen darf, möchte man sagen. Leider ist dem nicht so! Denn ohne gute Aufklärung, wie man mit dieser unheilbaren Krankheit umgehen muss, weiß man das eben nicht! Wie vieles andere (Lebens-) Wichtige auch nicht. Patient*innen sind oft auf sich allein gestellt und müssen sich medizinische Informationen und Alltagstricks selbst zusammensuchen. Es sind tausend neue Probleme zu bewältigen und das komplette Leben ist auf einmal auf den Kopf gestellt. Kai schildert eindrücklich, wie mühsam es ist und wie alleingelassen man sich oft fühlt. Aus diesem dramatischen persönlichen Erlebnis heraus entstand die Motivation, einen Podcast mit praktischen Tipps für den Alltag mit chronischen Darmerkrankungen zu kreieren.

Kai und ich hatten schon früher gemeinsam an Podcast-Projekten gearbeitet. Aber so recht wollten sie uns nicht gelingen. Die Ideen waren gut, aber am Ende versandeten die Vorhaben immer aus irgendeinem Grund. Doch auf einmal legte Kai los und schob eine fantastische Folge nach der anderen in seinen Stream. Er hatte sein Thema gefunden und seine Motivation war auch endlich glasklar definiert. Kai – der Patient – , der im »sonstigen« Leben Sozialarbeiter und Coach ist, wollte helfen. Sein Ziel: die eigenen Erfahrungen und sein mühsam zusammengesuchtes Wissen mit denen teilen, die in vergleichbaren Situationen stecken wie er. Mit seinem Podcast bietet er Alltagshilfen und gibt Sicherheit. Sein Kanal ist einer der zentralen Anlaufpunkte der Community geworden. Er moderiert seine Folgen mit großer Offenheit, überraschender Leichtigkeit und Fröhlichkeit. Seine Botschaft ist klar: Einknicken ist nicht! Informationen und gute Laune führen zu Optimismus und neuer Lebensfreude – zusammen die beste Medizin.

Ich und mein Crohn ist also auf der Skala von »für mich« bis »für andere« eindeutig auf der »Provide a Service«-Seite verortet. Schauen wir uns die Ziele von Kais Podcast in der Vier-Feld-Matrix an, so sehen wir einen großen Schwerpunkt auf »Information«. Angereichert wird der Podcast-Cocktail mit Elementen der Unterhaltung und der Inspiration.

Praxisgespräch mit Kai Flockenhaus[6]

Kai Flockenhaus

Kai und ich haben uns über die Jahre schon oft gegenseitig in unseren Podcasts besucht und haben unzählige Stunden gemeinsam YouTube-Folgen produziert. Was lag da näher, als Kai zu fragen, ob er für dieses Buch bereit wäre, mich (digital) zu besuchen, um ein Gespräch in Form einer Podcast-Folge aufzuzeichnen? Natürlich sagte er Ja.

So verbrachten wir eine knappe halbe Samstagsstunde vor unseren Mikrofonen und sprachen über sein Konzept, sein Community-Verständnis und seine Definition von Erfolg.

Außerdem tauschten wir uns über unser technisches Set-up aus. Aufgenommen haben wir die Folge im virtuellen Podcast-Studio der Plattform www.riverside.fm. Wie immer hatten wir viel Spaß. Denn was ist schließlich schöner, als mit Freund*innen über gemeinsame Themen zu plaudern? Hätte es der Kalender hergegeben, hätten wir wohl noch Stunden über kreative Ideen, Mikrofone und unsere Liebe zum Medium Podcast gesprochen.

Deshalb der Podcast

»Ich hatte einen Darmriss. Ich bin vorher zehn Jahre durch eine Schmerzhölle gegangen. Im Krankenhaus hat eine Krankenschwester ein paar Sätze zu mir gesagt, die ich als sehr motivierend empfunden habe. Mir ist noch im Krankenhaus die Idee gekommen, ich muss irgendwie das Wissen, was ich jetzt habe, anderen Menschen zur Verfügung stellen. Damit sie nicht diesen Leidensweg hinter sich bringen müssen.«

Podcast zum Beruf

»Aus meinem Podcast sind auch Geschäftsmodelle entstanden. Ich coache mittlerweile Leute, die einen ähnlichen Leidensweg haben. Ich bin vom Background her Sozialarbeiter und Systemischer Coach. Das passt gut zusammen.«

Community

»Ich brauche Feedback auf das, was ich nach draußen transportiere. Bei YouTube-Videos bekomme ich schon circa 10 Minuten nach dem Hochladen irgendeine Reaktion. Bei Podcasts ist das erstmal anders. Für eine Weile ist das ein relativ einsames Geschäft. Da ist es gefährlich, aufzuhören. Denn die Nachricht verbreitet sich ja trotzdem. Schon nach vier oder fünf Wochen hatte ich eine kleine Zuhörerschaft. Mein Konzept ist: Alles, was ich nach draußen trage, ist keine Einbahnstraße. Social Media ist für mich in erster Linie »social«. Ich möchte bei den Kontakten mehr in die Tiefe gehen und weniger in die Weite. Ich kümmere mich erstmal um diejenigen, die schon auf »follow« gedrückt haben. Das macht mir sehr viel Spaß. Es ist ja nicht nur so, dass ich mein Wissen weitergebe, sondern ich bekomme auch ganz viel zurück. Ich habe viele junge Leute kennengelernt, die ich auch in meinen Podcast einlade, wenn mich ihre Geschichte überzeugt. Wenn ich sehe, da ist eine positive Botschaft, dann muss sie nach draußen.«

Das exklusive »Podcast-Führerschein Praxisgespräch« kannst du hören, wenn du auf meine Webseite www.denniseighteen.de gehst, oder mit deinem Smartphone den folgenden QR-Code abscannst.

Bei der Suche nach dem eigenen Podcast-Konzept lohnt es sich, die beiden Grafiken genau zu betrachten und dir zu überlegen, wie die Schwerpunkte deines geplanten Podcasts sein sollen sowie aus welcher Motivation heraus er produziert werden wird.

AUF DAS THEMA, FERTIG LOS!

Wir haben uns im vorherigen Abschnitt mit dem Thema deines Podcasts aus der Funktions- und Motivationsperspektive beschäftigt. Die Frage lautete also: »Warum?« Nun wollen wir uns dem »Was« widmen. Über was willst du in deinem Podcast sprechen? Wie lautet das Thema und welche Unterthemen gehören dazu?

Wenn du über deinen Podcast nachdenkst, solltest du nach einem Thema suchen, das so spezifisch ist, dass es sich sofort erschließt. Dennoch muss es so breit sein, dass es genug Stoff für viele Folgen gibt. Denn du hast mit deinem Podcast ja noch viel vor!

Als Erstes solltest du dir die Frage stellen: Für welches Thema brenne ich richtig? Und im zweiten Schritt: Welches Thema findet ein Publikum, wie ich es mir vorstelle?

Im folgenden Mini-Workshop kannst du dir Klarheit über das thematische Gerüst deines Projekts verschaffen.

MINI-WORKSHOP: FINDE DEIN THEMA

Schauen wir uns unseren Alltag an, stellen wir fest, dass sich unser Leben in verschiedene Segmente aufteilt und dass wir kontinuierlich unterschiedliche Rollen ausfüllen. In meinen Seminaren zum Thema Selbst- und Energiemanagement bitte ich die Teilnehmer*innen, eine Liste der unterschiedlichen Rollen aufzuschreiben, die sie in ihrem Alltag ausfüllen. Sie tun dies in Gesprächen zu zweit. Danach stelle ich ihnen ein Modell vor, das die unterschiedlichen Segmente eines Lebens beschreibt. Gemeinsam versuchen wir die Rollenliste mit den Lebenssegmenten in Verbindung zu bringen. Alle Arbeitsschritte passieren somit im Dialog, da das Verbalisieren eine Technik ist, die zum einen eine Kommunikation mit anderen ermöglicht und zum anderen dabei hilft, die eigenen Gedanken zu sortieren und tiefer in einen Sachverhalt einzutauchen, als es das stille Grübeln ermöglicht.

Um das passende Thema für deinen Podcast zu finden, lohnt es sich, den gleichen Weg zu beschreiten, wie meine Seminarteilnehmer*innen. Wir wollen herausarbeiten, aus welchem Teil deines Lebens dein Thema stammt und welche Rolle du bezüglich des Themas einnehmen willst bzw. kannst.

Nimm dir ein Paket Klebezettel. Auf jeden Zettel schreibst du eine Rolle auf, die du in deinem Alltag einnimmst, und klebe diese Zettel dann an eine Zimmertür oder eine Wand. Es hilft, diese Aufgabe im Stehen zu machen, denn so kannst du einen Schritt zurücktreten und das vor dir entstehende Bild der unterschiedlichen »Hüte«, die du täglich aufsetzt, besser erfassen. Nimm dir für diese Aufgabe ungefähr zehn Minuten Zeit.

Jede*r Podcaster hat eine individuelle Rollensammlung. Aus jeder dieser Rollen leitet sich eine Kompetenz, Haltung, Stimmung und Persönlichkeitsfacette ab.

Schauen wir uns im Folgenden das Modell der Alltagssegmente an und versuchen, es mit unseren unterschiedlichen Rollen zusammenzubringen.

Unser Tag in Segmente unterteilt

Bei der Betrachtung der Alltags siehst du, wie viel Zeit für Arbeit und Schlaf verwendet wird. Gerade einmal 20 Prozent des Tages sind den Segmenten Gesundheit, Hobby und Essen vorbehalten. Die Einteilung nach Zeit ist relativ einfach und für die meisten Menschen in unserem Kulturkreis vergleichbar. Für unsere Betrachtung ist allerdings eine andere Segmentierung unseres Tages aufschlussreicher. Versuche, folgende Fragen anhand des Kreismodells zu beantworten:

1. Aus welchen der oben benannten Segmente ziehst du Energie?
2. In welchem der Segmente verbergen sich Elemente, die du besonders spannend findest?

Nimm dir beispielsweise das kleine Segment **Gesundheit** vor. In der obigen Aufteilung steht dir dafür am Tag gut eine Stunde zur Verfügung. Wie gestaltest du diese 4 % des Tages? Gehst du joggen? Meditierst du? Gehst du ins Fitnessstudio?

Was ist mit dem Bereich **Nahrungsaufnahme**? Isst du vielleicht vegan? Trinkst du gerne gute Weine? Interessierst du dich für die Küchen ferner Länder?

Und wie sieht es mit dem Segment **Hobbys** aus? Womit beschäftigst du dich in deiner Freizeit leidenschaftlich?

Wirf doch mal einen Blick auf deinen **Arbeitsalltag.** Welche Themen findest du besonders interessant? Wo hast du Expert*innenwissen? Wo sehen andere dich als Expert*in an?

Wie schaut es bei dir mit der **Nachtruhe** aus? Schläfst du gut ein? Hast du Einschlafrituale? Interessierst du dich für Traumdeutung?

Gehe jedes dieser Segmente in Ruhe durch und untersuche sie bezüglich deines eigenen Lebens. Was passiert in diesen Tagesabschnitten, was dir wirklich wichtig ist? Mach dir dazu Notizen.

Markiere dir die drei Punkte im Folgenden, zu denen du eine besondere Verbindung hast. Wofür brennst du? Was berührt dich am meisten? Womit möchtest du dich am liebsten die ganze Zeit beschäftigen?

Schau dir jetzt die Klebezettel an der Wand oder Tür an. Welche der Rollen passt zu welchem Thema? Bist du bei einem deiner Lieblingsthemen eher Lehrer*in oder doch eher Spielgefährt*in? Versuche, jedem deiner drei Hauptthemen eine Rolle zuzuordnen.

Nun nimm wieder dein Smartphone in die Hand und versuche aus dem Stegreif zu jedem der drei Punkte jeweils fünf Minuten lang etwas zu erzählen. Drück auf »Aufnahme« und rede einfach drauflos. Nach einer Pause hörst du dir deine drei Mini-Podcast-Folgen in Ruhe an. Bei welchem der Themen klingt die Stimme in deinem Ohr kompetent, leidenschaftlich, interessiert und sympathisch? Passt die zugewiesene Rolle zu deiner Sprechart? Ist die Verbindung zwischen Rolle und Thema schlüssig und als Hörer*in sowohl angenehm als auch nachvollziehbar?

Wie sieht's aus? Hast du dein Thema jetzt gefunden? Gut! Dann steigen wir nun tiefer in das Thema ein und nähern uns dem Aspekt, den man als Sendeplan bezeichnen kann.

Für die Aufgliederung deines Themas bedienen wir uns der Mindmap-Methode. Nimm dir dafür ein großes Blatt Papier (A3 oder größer) und schreibe dein Thema mittig auf das Blatt. Um diesen Mittelpunkt herum schreibst du auf Klebezetteln Unterthemen, die du mit dem Oberthema in Verbindung bringst – trage so möglichst alle Unterthemen, die dir einfallen, zusammen. Mit jedem Klebezettel verdeutlicht sich das Gesamtbild rund um dein Podcast-Thema. Du wirst feststellen, dass es große Fragenkomplexe gibt, denen du dich auf alle Fälle widmen solltest, dass es aber auch hin und wieder kleinere Spezialfragen gibt, denen du entweder in einer gesonderten Folge auf den Grund gehen willst oder die du vielleicht mit anderen Themen zusammenfassen kannst. Klebe diese Zettel so auf das Blatt, dass diese Themenbündel deutlich zu erkennen sind.

Wenn das Gesamtbild stimmt und du den Eindruck hast, dass du alle Facetten deines Themas in deiner Mindmap abgebildet hast, dann wähle die 10 bis 15 wichtigsten Unterthemen oder Themenbündel aus und markiere sie mit einem Kreuz. Fotografiere dieses Ergebnis nun mit deinem Handy: deine Erinnerungsstütze. Als Nächstes nimmst du die mit einem Kreuz markierten Klebezettel und klebst sie von oben nach unten an deine Zimmertür oder Wand. Rechts neben jedem dieser Zettel klebst du einen weiteren, aber leeren Zettel. Auf diesem vermerkst du eine Kernfrage, die du in Bezug auf den linken Klebezettel behandeln willst. Dieser Fragenkatalog soll dir bei der Definition dessen helfen, wo die Entdeckungsreise in jeder der 10 bis 15 Folgen inhaltlich gehen soll.

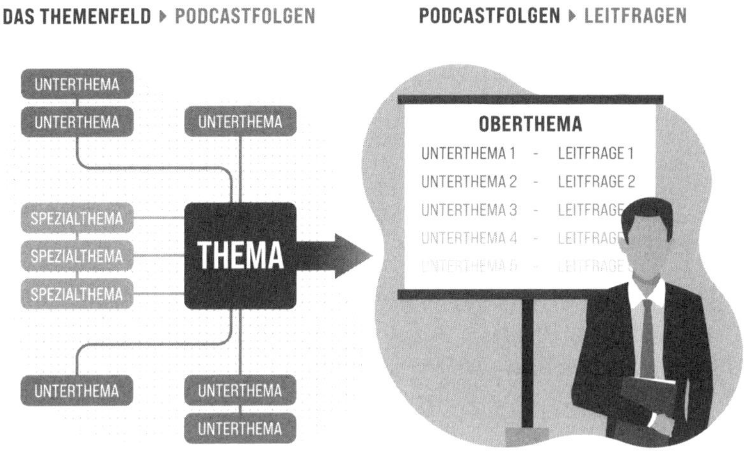

Mindmap zur Themenfindung

Im nächsten Schritt kannst du dir zu jeder der geplanten Folgen drei Punkte notieren, die du später für die Vorbereitung der Episoden benötigst. Beginne mit der ausformulierten Frage, die du in der jeweiligen Folge klären willst. Was ist der gewünschte Erkenntnisgewinn oder anders definierte Mehrwert für dich und dein Publikum am Ende jeder Folge?

Verschriftliche diese Folgenziele möglichst präzise. Arbeite dich so durch die ersten drei bis vier Folgen deiner Planung. Auf diese Weise merkst du schnell, aus welcher Perspektive du auf die unterschiedlichen Themen blickst und du gewinnst eine Routine bei der inhaltlichen Vorbereitung. Schreibe dafür keine Aufsätze, sondern beschränke dich auf ein oder zwei klar durchgedachte Sätze.

Versuche dies beispielhaft für die erste Folge deines Sendeplans direkt hier im Buch:

Nun beantworte dir selbst die Frage, ob du ein Thema allein behandeln möchtest bzw. kannst – oder brauchst du einen Gast, um die Folge richtig gut zu machen? Wenn dem so sein sollte, dann schreibe hinter jede geplante Folge zwei oder drei Namen oder Funktionen von Wunschgästen. Sobald die Planungen konkreter werden, kannst du dann mit der Recherche und Anfrage der Gesprächspartner*innen beginnen.

Bei der Suche nach passenden Gästen schlage ich vor, in konzentrischen Kreisen zu denken. Beginne mit deinem persönlichen Netzwerk. Wen kennst du, der*die inhaltlich etwas zu deinen Themen beitragen kann? Falls du niemanden kennst, schreibe einfach als Platzhalter die

Funktion auf, die der Gast erfüllen soll bzw. aus welcher Rolle heraus deine Gesprächspartner*innen einen Beitrag leisten können.

Die oben beschriebene Methode ist eine Herangehensweise, die sich aus deinem eigenen Wissen und Interessenspektrum ergibt. Sie führt zu einem Podcast, der zeigt, welche Themen du interessant findest und Wissen vorweisen kannst. Du kannst diese Aufgabe aber auch aus der Perspektive deines Publikums bzw. deiner Community heraus angehen. Dafür könntest du zum Beispiel über die sozia-

Suchergebnisse zum Stichwort »vegan« bei www.answerthepublic.com

len Medien Umfragen zu den Unterthemen starten und so abfragen, welche du ihrer Meinung nach in deinem Podcast behandeln sollst. Dafür eignen sich besonders themenspezifische Facebookgruppen oder du nutzt in der Community besonders beliebte Hashtags bei Twitter und Instagram. Du kannst aber auch die Suchergebnisse der Community im Internet für deine Planungen heranziehen. Die Webseite www.answerthepublic.com zeigt dir die Fragen an, die auf Suchmaschinen zu deinem Thema gestellt wurden. Diese kannst du dann nach Häufigkeit sortieren, mit deinen Kompetenzen abgleichen und Folge für Folge in deinem Podcast abhandeln.

EIN PODCAST VON UND MIT FORMAT

Bei aller Unterschiedlichkeit bedienen sich viele Podcasts vergleichbarer Formate. Es gibt Gesprächspodcasts, in denen sich mindestens zwei Personen über Themen austauschen – mal ernsthaft, mal grenzenlos albern und oft irgendwo dazwischen. Viele Podcasts leben auch alleine von der Stimme des Hosts, die*der als Einzelgastgeber*in ins Mikrofon spricht.

Auf dem Spektrum des Produktionsaufwands gibt es viel zu entdecken. Es gibt alles vom Kino für die Ohren (mit Soundeffekten, Musik, unterschiedlichen Stimmen etc.) bis zur*m einsamen Gedankenmitteiler*in, die*der in ihr*sein Smartphone spricht. Alles kann fesselnd oder furchtbar sein. Der Produktionsaufwand kann nicht mit dem Hörerlebnis gleichgesetzt werden, denn manchmal darf es komplizierter sein und manchmal muss es einfach bleiben. **Es geht immer darum, die zur Idee passende Umsetzungsform zu finden und sich Mühe zu geben.**

Bei der Suche nach dem richtigen Format lassen sich zwei Wege beschreiten: Entweder man orientiert sich an den eigenen Lieblingspodcasts oder man beschreitet komplett neue Wege. Dabei ist es letztlich egal, wie man dann vorgeht, aber das Ergebnis sollte immer der wirklich eigene Podcast sein. So individuell und einzigartig wie die Person am Mikrofon. Das Aufregende an der Welt des User-Generated Content ist die Möglichkeit, sich von Trends abzugrenzen oder auf sie aufzuspringen, ohne die eigene Unverwechselbarkeit aufgeben zu müssen. Das Wort »authentisch« ist zwar inzwischen furchtbar abgegriffen, aber es beschreibt treffend dennoch das Ziel des eigenen Podcast-Formats. Meine Schauspiellehrerin aus Schulzeiten ließ die Mitglieder der Theater-AG der Julius-Leber-Schule beim Warm-up vor Aufführungen immer ein Mantra sprechen, das mir bis heute im Ohr klingt: »Du bist du. Und so wie du bist, bist du gut.« Diese Worte gelten auch für dein Podcast-Projekt. Lass es nach deiner Persönlichkeit klingen – der Rest ist schlicht Planung und Handwerk, also die Themen der kommenden Seiten.

In meinen Podcast-Schulungen steige ich oft mit der Frage nach dem eigenen Hörverhalten ein. Die Teilnehmer*innen diskutieren dann in kleinen Gruppen, welche Podcast sie selbst hören, und berichten sich gegenseitig davon, warum ihnen welcher Podcast besonders gut gefällt. In einer ersten Niederschrift der Gruppenarbeit entsteht so eine kleine Sammlung von Elementen, die gute Podcasts ausmachen. Beim Blick auf diese Listen fällt auf, dass es zwar wiederkehrende Beschreibungen von attraktiven Elementen und Produktionsweisen gibt, es aber keine zwei identischen Listen gibt, einfach weil die Geschmäcker verschieden sind: Was dem einen gefällt, geht der anderen ziemlich auf die Nerven. Das ist gut zu wissen! Es verrät uns nämlich, dass es keine Zauberformel für das perfekte Podcast-Format gibt! Für jede Idee gibt es ein Publikum – auch für deine!

Machen wir uns also gemeinsam auf die Suche nach dem passenden Format für deinen Podcast. Nimm dir einen Kaffee und kremple die Ärmel hoch. Los geht der nächste Mini-Workshop.

MINI-WORKSHOP: FINDE DAS PASSENDE FORMAT FÜR DEINEN PODCAST

Die Partymethode: Bitte eine*n Kreativpartner*in, ein Familienmitglied oder eine*n Freund*in, sich 20 Minuten Zeit für dich zu nehmen. Stellt euch vor, ihr trefft euch bei einer Party. Es ist spät, ihr sitzt gemütlich in einer Ecke, auf dem Balkon oder dort, wo alle guten Partygespräche stattfinden: in der Küche. Ihr habt festgestellt, dass ihr beide gerne Podcasts hört. Berichtet euch gegenseitig von euren Hörerlebnissen. Erzählt von euren Lieblingsproduktionen und auch von absoluten Flops. Beschreibt, warum euch der eine Podcast gefällt, der andere aber nicht. Geht dabei ins Detail. Erklärt eurem Gegenüber ganz genau, wie eure Lieblingshosts ihre Podcasts gestalten. Warum gefallen sie euch so gut? Was macht sie aus? Welche Elemente findest du super, welche nerven dich auf der anderen Seite fürchterlich?

Lass bei diesem Gespräch die Aufnahmefunktion deines Smartphones mitlaufen. Nach Gesprächsende ist es ratsam, eine kleine Pause zu machen. Wende dich anderen Sachen zu. Wenn du dann etwas Abstand gewonnen hast, höre dir die Aufnahme eures Gespräches aufmerksam an und mache dir Notizen. Versuche herauszufinden, welche Dos and Don'ts sich aus eurem Gespräch über eure Lieblingspodcasts ableiten lassen. Lege dir dafür eine Tabelle an: In der linken Spalte sammelst du die Elemente, die dir gefallen; in der rechten Spalte vermerkst du, welche Podcast-Elemente dir auf den Zeiger gehen.

Die rechte Spalte dient dir hier als Mahnung. »Finger weg!« sollte darüber stehen. Diese Elemente vermeidest du bei der Entwicklung deines Konzepts. Aber die linke Spalte ist die eigentlich spannende. Hier siehst du auf einen Blick, was dir an Podcasts gefällt. Nicht alle diese Punkte wirst du eins zu eins in dein Format integrieren können, aber du hast so einen bunten Ideenfundus, aus dem du dich bedienen kannst.

Die Partymethode: Sammlung von Podcast-Elementen

Die gesammelten Elemente lassen sich in verschiedenen Kategorien zusammenfassen. Versuche, deine Liste an Dos and Don'ts in verschiedene Kästchen zu sortieren. Gibt es Punkte, die sich konkret auf die Moderation beziehen? Was fällt in die Kategorie Sounddesign (Musik, Effekte etc.) und was bezieht sich auf den Ablauf? Gibt es weitere Kategorien, die dir einfallen? Wie sieht es mit der Einbeziehung der Hörer*innen aus? Gibt es immer wiederkehrende Rituale? Mache dir eine Skizze und schiebe die Punkte deiner Liste in die Felder mit den entsprechenden Überschriften. Nun schau dir das Gesamtbild an.

Fallen dir bei der Betrachtung weitere Elemente deiner Lieblingspodcasts ein, die du im Gespräch mit deiner »Partybekanntschaft« nicht erwähnt hast? Dann ergänze die Übersicht.

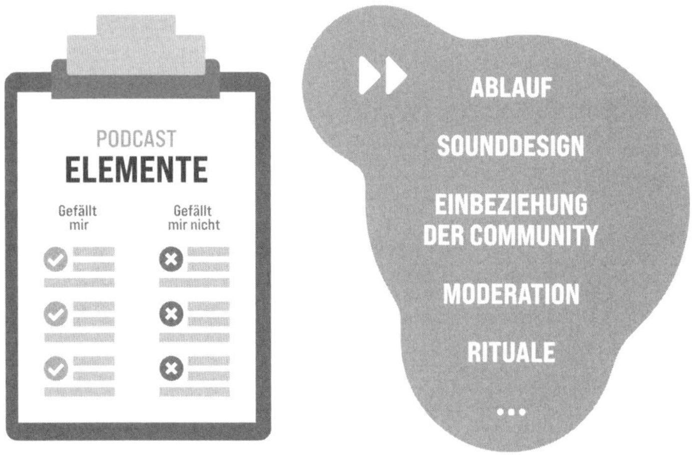

Welche Elemente haben welche Funktion?

Nun kannst du damit beginnen, dein eigenes Format zu gestalten. Du solltest nicht der Versuchung erliegen, ein Format zu entwickeln, das die besten Elemente anderer Podcasts zusammenbastelt. Ein solcher »Frankenstein'scher Podcast« wird sicherlich nicht gut. Aber du kannst deine eigenen Ideen wunderbar anhand der Praxisbeispiele entwickeln.

Wenn du dir ein Element eines Podcast anschaust und dir nach der Frage »*Wie* haben die das gemacht?« umgehend die noch wichtigere Frage stellst »*Warum* machen sie das?«, kommst du deinem eigenen Formatkonzept schnell näher. Gefällt dir zum Beispiel ein Ritual besonders gut, dann überlege dir, welche Funktion es erfüllt. Nimm dir vor, eine eigene Idee auf Basis der Funktion zu entwickeln und nicht eine Adaption des Rituals zu finden.

Rituale prägen

Im Podcast *Europa ist die Antwort*[7] von Katarina Barley, der ehemaligen Spitzenkandidatin der SPD im Europawahlkampf, werden die Gäste gebeten, ein Fundstück mitzubringen, das ihre ganz persönliche Verbindung mit der europäischen Idee verdeutlicht. Modemacher und TV-Persönlichkeit Guido Maria Kretschmer brachte zum Beispiel den Schlüssel seines ersten Hauses in Spanien mit. Für ihn symbolisiere dieser das Gefühl, dass ganz Europa ein Zuhause sein könne. Andere Gäste brachten Interrailtickets, Reisepässe, einen geschenkten Koran oder Münzen mit. Zu jedem Gegenstand entstand schnell ein spannendes Gespräch. **Rasch war das Eis zwischen Host und Gast gebrochen. Frag dich jetzt aber nicht, welches Fundstück deine Gäste mitbringen sollen, sondern denke dir ein Ritual aus, mit dem du das Eis mit deinen Gästen brechen kannst.**

Denke dir ein kleines Eisbrecherritual aus und probiere es das nächste Mal, wenn dich deine Familie besuchen kommt, oder wenn du deine Freund*innen (Corona-bedingt in einer Videokonferenz) zum Bier, Wein oder Milkshake triffst. So ein Praxistest im echten Leben hilft dabei, das passende Ritual zu finden.

In meinem eigenen Podcast *Traumbilder* verwende ich zum Beispiel Rituale aus der Atemtechnik und dem autogenen Training, um die Hörer*innen zügig in die Entspannung zu führen. Auch verwende ich wiederkehrende Klangelemente, die den Ruhesuchenden das Gefühl von Vertrautheit schenken. Frage dich an dieser Stelle aber nicht, ob du auch Klangteppiche und den Sound eines Windspiels brauchst, sondern suche nach Ideen für eine unverwechselbare Klanglandschaft.

Einer meiner Lieblingspodcasts *Alles gesagt* von *ZEIT* und *ZEIT ONLINE* hat eine ganz besondere Formatidee, denn der Podcast läuft einfach so lange, bis der Gast meint, es sei alles gesagt. Mit dem Nennen eines zu Beginn der Folge verabredeten Schlüsselworts bricht die Aufnahme sofort und ohne Umschweife ab. Die Idee des theoretisch endlosen Podcasts ist so dermaßen radikal, dass er dem gesamten Podcast eine unverwechselbare Note verleiht. Vor allem bedient das Format eine der größten Pluspunkte des Mediums: Zeit – und zwar so viel, wie man braucht. Kaum ein anderes Medium hat diese Freiheit. Du musst keineswegs über acht Stunden mit deinen Gästen im Podcast-Studio sitzen – wie es Luise Neubauer und Juli Zeh zum Beispiel bei *Alles gesagt* getan haben, aber du kannst dir überlegen, wie du **Räume für die freie Entwicklung von Gedanken schaffen** kannst.

Moderation: Auf deine Persönlichkeit kommt es an.

Jeder Mensch hat eine eigene Persönlichkeit. Podcaster zeigen diese besonders deutlich bei ihrer Moderation und man erkennt schnell, mit wem man es zu tun hat. Natürlich bekommt man nie ein vollständiges Bild der Person hinter dem Mikrofon geboten, aber doch die ein oder andere Facette deutlich gezeigt.

Erinnere dich an die Übung mit den unterschiedlichen Rollen, die du im Alltag ausfüllst. Als Moderator*in entwickelst du deinen individuellen Stil am leichtesten, wenn du dir darüber im Klaren bist, in welcher Rolle du vor dem Mikrofon sitzt. Bist du eher Lehrer*in oder Entertainer*in? Hast du den Partner*innen-Hut auf oder predigst du von deiner Podcast-Kanzel? Wenn die Rolle eindeutig ist, wird auch schnell klar, wie dein Moderationsstil sein muss, damit er glaubwürdig und somit für deine Hörer*innen attraktiv ist. Die Rolle definiert dann den Sprachcode, das Tempo, die Dosis Humor und den Klang deiner Stimme.

Es gibt viele unterschiedliche Herangehensweisen, wie Podcaster ihre Aufgabe definieren. Ich habe eine Reihe erfolgreicher Podcaster danach gefragt, wie sie das Verhältnis zwischen ihrem Moderationsstil und ihren jeweiligen Rollen selbst wahrnehmen.

»Ich bin im Hauptberuf Coach und Trainer. In meinen Podcasts stelle ich mir vor, direkt mit meinen Workshop-Teilnehmern zu sprechen. Entsprechend ist meine Sprache im Konferenzraum sowie im Podcast vergleichbar. Mir geht es gleichzeitig um die Vermittlung von Wissen und um den Aufbau eines Vertrauensverhältnisses.

Humor ist sehr wichtig dabei. Aber ich vermeide Albernheiten. Der lockere Ton soll nicht meine Kompetenz infrage stellen. Zu ernst will ich aber auch nicht sein. Wenn die Teilnehmer keinen Zugang zu mir finden, lernen sie schlechter. Genauso mache ich es auch in meinen Podcasts.«

Host: Marcus Disselkamp, Businesscoach
Podcasts: *Kurz Nachgedacht; Hast du daran gedacht?*

»Ich bin ja als von Morbus Crohn Betroffener auf die Idee des Podcasts gekommen. Aber hinter dem Mikro merke ich, wie sehr auch meine Erfahrungen als Sozialarbeiter und Coach meinen Moderationsstil prägen. Ich habe mir vorgenommen, mit dem Podcast einen Anlaufpunkt mitten in der Community einzunehmen. Daher dosiere ich beide Seiten meiner Hostpersönlichkeit so, dass ich einerseits sehr persönlich und offen über meine Krankheitserfahrungen spreche, andererseits wechsle ich aber oft in die Rolle des Beraters.

Mein Ziel ist Vertrauen. Ich will die Nähe zu den anderen Mitgliedern der Community. Deshalb duze ich meine Hörer. Wenn ich in den Beratungsmodus wechsle, merke ich, wie ich sprachlich etwas mehr Abstand zu meinen Hörern einnehme. Das ist ein sehr spannendes Wechselspiel der Rollen, finde ich.«

Host: Kai Flockenhaus, Coach, Sozialarbeiter, Content Producer
Podcast: *Ich und mein Crohn*

»Mit meinem Co-Host Dennis Eighteen stelle ich im Podcast-Studio eine echte Gesprächsatmosphäre her. Wir wollen keine Interviews führen. Wir wollen uns richtig mit unseren Gästen unterhalten. Dabei stellen wir Fragen, geben aber auch viel von uns preis. Wenn eine Folge gut läuft, dann fühlt es sich so an, als säßen wir bei einem Glas Wein beisammen. Manchmal schleicht sich bei mir mein Hintergrund als Wissenschaftlerin ein. Mal bin ich ganz die Gleichstellungsaktivistin, dann wieder Coach. Auch Dennis bringt sein komplettes Persönlichkeitsportfolio mit: Künstler, Kommunikationsberater, Familienvater, Freund …

Aus gutem Grund stellen wir in unserem Podcast immer die Frage: ›Wer bist du und wenn ja, wie viele?‹«

Host: Deborah Ruggieri, Coach, Künstlerin, Wissenschaftlerin, Aktivistin
Podcast: *#thefutureisunwrittennow*

»Ich lebe als Strategieberater davon, komplexe Zusammenhänge in verständliche Einzelteile zu zerlegen. Die Kunden müssen meine Vorschläge verstehen und meinen Gedanken folgen können. Daher bremse ich mein Sprechtempo oft massiv ein. Ich nehme mir eine Extraprise Zeit, um meine Analysen zu verdeutlichen. Genauso mache ich es in meinem Podcast auch. Man muss sich dabei immer klarmachen, dass Podcasts oft nebenbei gehört werden und ein kurzes Nachfragen nicht möglich ist. Deshalb ist eine verständliche Sprache so wichtig. Ich bin dabei immer sehr offen und direkt – und setze zwischendurch auch Humor ein. Es sollte aber immer der Situation angemessen sein und zum Thema passen.«

Host: Leif Neugebohrn, Strategie- und Politikberater
Podcast: *überzeugungsarbeit.de*

Du siehst, es lohnt sich, die eigene Rolle hinter dem Mikrofon zu durchdenken und sich dann auf einen bestimmten Moderationsstil einzulassen, der zu dieser Rolle passt. Anfänglich kann das ein relativ einengendes Gefühl sein. Doch nach und nach bringt die Routine eine größere Sicherheit, wie du dich trotz festgelegtem Moderationsstil frei entfalten kannst.

Zwischen Struktur und Freiheit: der passende Ablauf

Ein standardisierter Ablauf hilft dir dabei, deinem Podcast ein unverwechselbares Profil zu geben. Für deine Hörer*innen ist es leichter, sich auf deinen Podcast einzulassen, wenn sie in etwa wissen, was sie erwartet. Damit meine ich keineswegs Vorhersehbarkeit – die sollte eher vermieden werden, denn sie führt schließlich schnell zu Langeweile. Aber ein klarer Ablauf gibt Orientierung. Und wenn du besondere Rituale hast, wie zum Beispiel ein lustiges Quiz am Ende deines Gesprächs, dann freuen sich deine Hörer*innen die ganze Folge auf dieses Element und folgen deinem Podcast besonders aufmerksam.

Du kannst deine Folgen wie ein Buch in Kapitel gliedern und mit wiederkehrenden Elementen für Leuchttürme sorgen, die durch die Folge leiten. Sieh diese festen Abläufe nicht zu eng. Nutze sie in der beschriebenen Funktion, aber vermeide, dass sie zum Korsett werden. Nichts ist schlimmer als ein Ritual, das nur deswegen stattfindet, weil es eingeplant wurde. Manchmal passt es einfach nicht, und wenn dem so ist, dann gönne dir die Freiheit, vom Plan abzuweichen.

Klare Abläufe haben auch für dich als Content Producer einen großen Vorteil: Wenn du regelmäßig veröffentlichst, ist es leichter, die Arbeit an den einzelnen Folgen zu strukturieren.

> *»Unser Podcast Zukunft gerecht macht Studien der Friedrich-Ebert-Stiftung hörbar. Unser Ziel ist es, komplexe Sachverhalte verständlich rüberzubringen. Dabei hilft es sehr, dass wir uns für jede Podcast-Folge auf eine wiederkehrende Struktur festgelegt haben. So finden sich die Hörer*innen leichter zurecht. Wir verwenden zum Beispiel Straßeninterviews als Themeneinstieg und steigen dann mithilfe der Autor*innen der Studien tiefer in die Themen ein. Die Moderatorin verbindet dann die einzelnen Blöcke. Das klare Konzept soll nicht einengen, sondern dabei helfen, den Weg durch die Materie zu finden.«*
>
> Katrin Matuschek, Leiterin der Arbeitseinheit FES-Digital der Friedrich-Ebert-Stiftung und verantwortlich für die Produktion des Podcasts *Zukunft gerecht*

Es gibt Podcasts, die starten von Anfang an mit einem definierten Ablaufplan. Bei anderen entwickelt sich ein solcher erst im Laufe der Zeit. Oft verändert er sich auch in regelmäßigen Abständen. Neue Elemente kommen hinzu, werden ausprobiert und verschwinden wieder. Andere etablieren sich als fester Bestandteil einer jeden Folge. Ich selbst habe bei dem Podcast unter meinem Namen unterschiedliche Standardabläufe ausprobiert, habe mich dann aber für ein lockeres Programm entschieden. Von Gastgeschenken bis Assoziationsspielen habe ich mich im Laufe der Zeit verabschiedet. Geblieben ist dafür ein festes Intro und erkennbar ähnliche Abmoderation.

Mein Podcast *Traumbilder* hingegen hat ein eindeutig definiertes Gesamtkonzept. Die Gründe dafür sind einfach. Der Dennis Eighteen-Podcast war und bleibt für mich eine Spielwiese, auf der ich anstellen kann, was ich will. Wenn ich über Fotografie reden möchte, dann mache ich das. Wenn mich das Thema Obdachlosigkeit in Zeiten von Corona umtreibt, dann mache ich es zum Thema und lade mir Jörg Richert, den Kopf der Karuna-Sozialgenossenschaft[8] ein. Ich habe mich bewusst für eine thematische Breite entschieden und erlaube mir alle

Freiheiten, die ich brauche. *Traumbilder* hat aber eine andere Funktion. Dieses Angebot soll Ruhe und Entspannung bieten, dementsprechend wichtig sind verlässliche Abläufe und beständige Rituale. Die Hörer*innen suchen inneren Frieden und Ausgeglichenheit. Eine schwungvolle Änderung des Kurses, das spielerische Ausprobieren von spontanen Ideen und ein hohes sprachliches Tempo sind hier völlig fehl am Platz.

Wenn du dich für ein Format entscheidest, sollte es zu deinen eigenen Wünschen ebenso wie zu dem beim Publikum erwünschten Effekt passen. Wenn dein Konzept »wilde Sprünge« sind, tob dich aus – zelebriere das Chaos und die Spontanität! Du wirst eine Community um dich scharen, die genau das sucht und dir mit Freude folgt. Hast du aber ein Publikum im Kopf, das Ordnung und Struktur verlangt, dann halte dich an deine eigenen Regeln und freue dich über ein dankbares Publikum.

Im Folgenden möchte ich dir eine Auswahl von Musterabläufen vorstellen, die dir zur Orientierung dienen können, wenn du deinen eigenen Podcast planst. Nimm dir die Teile raus, die dir sinnvoll erscheinen und zu deinen Plänen passen.

Aufwärts mit dem passenden Ablauf

Vorschläge einer Podcast-Struktur

Beispiel 1	**Beispiel 2**	**Beispiel 3**	**Beispiel 4**
Intromusik	Cold open: Tonschnipsel aus der Folge	Cold open: Gespräch	Begrüßung/Musik
Begrüßung der Hörer*innen	Intromusik	Verabschiedung	In eigener Sache/Housekeeping
Vorstellung eines Gastes/Einführung in das Thema der Folge	Interview/Gespräch	Call to Action	Gespräch mit Gast
Interview/Gespräch	Call to Action		Rituale (z. B. Spiel, Quiz …)
Verabschiedung	Musik/Verabschiedung		Verabschiedung
Call to Action			Call to Action

Abläufe: Beispiele aus der Praxis

NPR Politics Podcast	Alles gesagt?	Bruce Springsteen sings the Alphabet	Friedrichs Flaschenpost
Time Stamp eingesprochen durch Hörer*innen (Benennung des Aufnahmedatums)	Soundschnipsel aus dem Gespräch mit Musik	Nennung des Themas in einem Satz	Soundlogo
Vorstellung der (wechselnden) Gastgeber*innen mit ihrem jeweiligen Kompetenzschwerpunkt	Begrüßung inkl. Nennung des Podcast-Namens, des Formatkonzepts, der Hosts und des Gasts	Titelmusik	Thematischer Einstieg durch den Moderator
Benennung der Themen	Einstieg ins Gespräch mit Festlegung des Schlussworts, welches bei Erwähnung die Folge abrupt abbrechen lassen wird	Vorstellung des Konzepts des Podcasts, Nennung der beiden Hosts	
Themenblock 1	Vorstellung des Gasts	Diskussion eines Songs oder eines Albums von Bruce Springsteen Rituale im Gesprächsverlauf: (Pop-)Kulturhistorische Einordnung des Musikwerks Blick auf die musikalische Beschaffenheit Analyse des Songtexts Immer wieder lösen die Betrachtungen des Musikstücks aktuelle politische Diskussionen aus	Begrüßung des Gastes
Werbung	Gespräch (zeitlich unbegrenzt) Rituale im Gesprächsverlauf: Essenslieferung/Getränkeausschank (jeweils mit Bezug auf den Gast unter Nennung des Restaurants in Berlin) Schnellfragerunde (»A oder B oder Weiter«)	Ankündigung von kostenpflichtigen Bonusfolgen auf patreon.com	Erläuterung, wer den Podcast verantwortet

Themenblock 2	Nennung des Schlussworts durch den Gast: sofortiges Ende (keine Verabschiedung durch die Hosts!)	Ankündigung der nächsten Folge	Ankündigung der Fragenkomplexe
Werbung		Aufruf, den Kanal zu abonnieren, Kommentare zu hinterlassen und Kontakt zu den Hosts über Social Media aufzunehmen (Facebookgruppe und Twitter)	Gast präsentiert ein Fundstück aus der eigenen Schulzeit
Ritual »Can't it go« – Hosts erzählen, was sie am Ende der Woche nicht loslassen können (Politik oder anderes Thema)		Verabschiedung	Interview
			Aufgabe für den Gast: »Schreibe eine Flaschenpost an die Zukunft. Was steht auf deinem Zettel?«
			Verabschiedung

Die Liste der möglichen Abläufe ist unendlich. Ich habe einige typische, derzeit beliebte Abläufe zusammengetragen. Über viele der Elemente haben wir bereits ausführlich gesprochen. Ich möchte an dieser Stelle dennoch zwei wichtige Programmpunkte herausheben und genauer beleuchten: den **Einstieg** und den **Abschluss** einer jeden Folge.

Das einladende Intro

Der passende Einstieg ist entscheidend dafür, ob die Hörer*innen bei euch bleiben, die ganze Folge hören oder sofort wieder verschwinden. In den ersten Sekunden entscheidet sich, ob das Publikum ankommt oder weiterzieht. In dieser ersten Minute schwebt der Finger immer noch über dem Smartphone-Display und ist nur Zentimeter beziehungsweise eine spontane Entscheidung davon entfernt, auf »Weiter« zu klicken. Ist das Smartphone erst einmal wieder in der Jackentasche verschwunden, hast du vorerst gewonnen. Die Ohren der Hörer*innen sind geöffnet und die Bereitschaft, mit dir und deinem Programm Zeit zu verbringen, ist vorhanden. Aus diesem Grund ist das richtige Intro entscheidend.

> *»Der Zuhörer muss innerhalb der ersten 60 bis 90 Sekunden erkennen können, worum es geht, nach Möglichkeit gespannt sein aufs Thema (gelungener Hook), wer spricht mit wem worüber und warum (Jingle) und daraus ergibt sich dann für den Zuhörer die Antwort: ›Dieser Podcast ist für mich‹ oder eben auch nicht.*
>
> *Struktur eines Intros: Erst Hook/Thema, dann Konzept, Personen und Branding.«*
>
> Hauke Wagner, Podcast *Hauke & Leif*

Was aber bedeutet »das richtige Intro«? Wie gestaltest du es so, dass sich die Magnetwirkung des Podcasts sofort entfaltet? Eine Antwort für alle Podcasts gibt es nicht. Jede*r Host geht einen eigenen Weg, um das Publikum zu fesseln. Es gibt aber Elemente, die dabei helfen, dieses Ziel zu erreichen.

Der Schlüssel dazu ist, dass du dich in deine Hörer*innen hineinversetzt. Was genau brauchen sie, um sich für dich und deinen Podcast zu entscheiden? Welche Schlüsselreize muss dein Intro liefern? Begrüße daher deine Hörer*innen W.A.R.M.: also **W**illkommen heißen, **A**nkündigen der Inhalte, **R**elevanz aufzeigen und **M**ood schaffen.

Die W.A.R.M.-Formel für Intros, die Hörer*innen binden

W. – Willkommen heißen

Wer auf deinen Podcast klickt, sollte umgehend willkommen geheißen werden. Wer kennt das nicht: Du kommst zu einer Party, stehst vor der Tür, wickelst schnell die Blumen aus, setzt das Lächeln auf und klingelst! Die Tür öffnet sich. Und ... es ist nicht der*die Gastgeber*in, sondern ein Partygast, der zufällig im Flur stand. Mit dem Glas in der Hand und einem desinteressierten Blick wirst du hereingelassen. Wie fühlt sich das an? Wenn es dir da auch nur ein wenig so geht wie mir, läuft folgender Film in deinem Kopf ab: »Auf mich hat niemand gewartet. Die anderen Gäste sind schon da. Das reicht doch. Der*die Gastgeber*in kommt nicht mal selbst zur Tür. Dann kann ich ja gleich wieder gehen.« Unsichere Gäste gehen oder wollen es zumindest tun. Wenn sie bleiben, dann aus reiner Höflichkeit. Selbstsichere Gäste platzen in den Raum, rufen laut »Hallo« und suchen das Geburtstagskind. Die beschriebene Situation an der Tür führt dazu, dass willkommene Gäste nicht hereinkommen oder sich zumindest für eine Weile unwohl fühlen. Übersetzt auf die Podcast-Welt heißt das: Wenn deine

Hörer*innen nicht mit offenen Armen willkommen geheißen werden, klicken sie weg. Höfliches Bleiben kannst du hier nicht erwarten.

Wenn du dein Intro konzipierst, überlege dir, wie du die Situation an deiner Podcast-Tür möglichst einladend gestalten kannst, sodass deine gewünschten Hörer*innen gerne bleiben. Eine direkte Ansprache hilft dabei ungemein. Wie soll diese sein? Klingt in den Ohren deines Publikums ein »Du« besser oder ein »Sie«? Sprichst du deine Hörer*innen einzeln an oder als Gruppe? Welcher Sprachcode passt?

A. – Ankündigen der Inhalte

Du willst bestimmte Inhalte vermitteln und dein Publikum sucht bestimmte Inhalte. Ist das Angebot und die Nachfrage deckungsgleich, entsteht eine gute Verbindung zwischen Podcaster und Hörer*in. Wer dich in einer Podcast-App entdeckt, will schnell wissen, ob dein Angebot das Richtige ist, ob die Hörer*innen also die Inhalte bekommen, die sie gesucht hatten.

Versuche möglichst, die Inhalte deiner Folgen gleich zu Beginn zu benennen. Wer nach dreißig Sekunden nicht weiß, worum es im Podcast geht, bleibt auch keine dreißig Minuten. Die klassischen Neuhörer*innen klicken auf einen vielversprechenden Link, hören kurz rein und dann kommt es drauf an. Lauschen wir den Gedanken unserer Hörer*innen: »Die Ansprache stimmt! Ich werde willkommen geheißen. Man freut sich also über mich! Schön! Ok, dann bleibe ich ein bisschen. Worum geht es hier? Ah, das interessiert mich!«

Fast geschafft! Der Podcast wurde nicht weggeklickt. Es folgt nun der nächste prüfende Blick auf deinen Podcast. Ist das, was ich hier höre, nicht nur nett und interessant, sondern auch wichtig für mich? Denn auch meine Zeit ist schließlich begrenzt.

R. – Relevanz aufzeigen

Das Leben ist voll, die Kalender laufen über, das Internet hat unzählige Angebote, um uns die eigentlich nicht vorhandene Restzeit zu füllen. Und dann ist da dein Podcast. Er konkurriert mit so viel! Du willst deinen Platz im Alltag deiner Community finden und deine Hörer*innenschaft ausbauen. Das geht nur über einen Weg: Dein Publikum muss es sinnvoll finden, mit dir und deinem Podcast Zeit zu verbringen. Was aber ist sinnvoll? Sparen wir uns an dieser Stelle den philosophischen oder gesellschaftskritischen Ausflug und dampfen die Antwort auf eine Frage ein, von der du hoffst, dass deine Hörer*innen sie mit Ja beantworten: »Finde ich in diesem Podcast, was ich suche?« Oder anders formuliert: »Liefert der Podcast einen relevanten Beitrag zur Befriedigung meines Bedürfnisses?« Das Schlüsselwort hier lautet »relevant«. Suche ich nach Entspannung, dann definiert sich die Suche nach Relevantem über das Gefühl, dass ich nach dem Hören habe – habe ich mich beim Lauschen ausgeruht? Suche ich hingegen nach guter Laune, dann finde ich einen gut gelaunten Host mit Witz und Schlagfertigkeit relevant. Brauche ich in der Phase einer beruflichen Neuorientierung Inspiration, empfinde ich einen Podcast als relevant, wenn er mir neue Ideen liefert und ich mich zum Beispiel vom Erfolg anderer inspirieren lassen kann.

Sieh dich und deinen Podcast (für einen kurzen Moment) wie einen Puddingbecher im Kühlregal. Du stehst und frierst neben all den anderen Bechern und wartest auf Kund*innen in Naschlaune. Dein relevantes Angebot für ihr Bedürfnis lautet »ich bin lecker«. Wäre es da nicht sinnvoll gewesen, wenn die Kolleg*innen der Werbeagentur exakt dies auf deine Verpackung geschrieben hätten? Schau genau hin, denn das haben sie! Ganz bestimmt! Vielleicht steht nicht genau das Wort »lecker« drauf, aber ein Feuerwerk an relevanten Informationen ruft den Leckermäulern zu, dass du es bist! Becherform, Farbgebung, Schriftart, der dir verpasste Name, sogar die Platzierung an genau diesem Ort im Kühlregal dienen der Verstärkung der Botschaft »Du suchst ›lecker‹? Ich bin lecker! Kauf mich!«

Nun verabschiede dich bitte wieder vom Gedanken, ein Puddingbecher zu sein. Ich weiß, das ist schwer. Aber zurück zu deinem Podcast! Wenn du willst, dass alle vorbeischlendernden Podcasthungrigen dein Angebot umgehend als relevant für die eigenen Bedürfnisse erkennen, dann schreibe deutlich drauf, was genau du anbietest. Oder besser: Sprich es eindeutig erkennbar ins Mikrofon und füge diese Information an der prominentesten Stelle deines Podcasts ein – im Intro.

M. – Mood schaffen

Gehen wir kurz zurück zum Bild des Partybetretens. Binnen Sekunden weißt du, wie die Stimmung ist. Ist die Atmosphäre gut oder hängt etwas Bedrückendes in der Luft? Oft kannst du nicht genau benennen, warum du weißt, wie »die Mood« im Raum ist, du weißt es einfach. Oder besser: Du spürst es. Eine Vielzahl an Informationen werden von deinen Sinnen aufgenommen und dein Gehirn baut daraus – im Abgleich mit deinen Erfahrungswerten – ein Gefühl für die Situation zusammen. Wir sind von der Evolution mit dieser besonderen Gabe ausgestattet worden. Die Fähigkeit, eine Situation blitzartig einschätzen zu können, kann überlebenswichtig sein. Lauert Gefahr oder ist alles ok? Sollte ich lieber fliehen oder kann ich mich entspannen und bleiben?

Dieser siebte Sinn ist nicht nur auf »Gefahr« oder »Sicherheit« anzuwenden. Er ist universell einsetzbar, denn er gibt auch Auskunft über die Frage, ob es an einem Ort nett oder unangenehm ist. Genau darum geht es im genannten Beispiel der Gastgeber*innen, die die Tür (nicht) selbst öffnen. Doch das Ziel ist es, dass die Gäste sich wohl fühlen und somit gerne bleiben. Das sprichwörtliche Geburtstagskind bemüht sich also um eine gute Stimmung im Raum – schafft dementsprechend die passende Mood.

Wer bei deinem Podcast vorbeikommt, will auch schnell erfassen, ob es sich angenehm anfühlt, dir zu lauschen. Ist die Atmosphäre so, wie ich sie mir wünsche? Natürlich ist es unterschiedlich, was sich für jede*n angenehm anfühlt. Manche findet gedimmtes Licht, plätschernde Musik und Räucherstäbchen atmosphärisch einladend, der andere fühlt sich erst richtig wohl, wenn es laut aus den Boxen hämmert und sich die Gäste nur noch rufend unterhalten können. Das gleiche Phänomen gilt auch für deinen Podcast. Wenn du willst, dass deine Hörer*innen sich bei dir wohlfühlen, finde eine passende Grundstimmung. Schaffe eine Mood, von der du meinst, dass sie für diejenigen, von denen du glaubst, dass sie deinen Podcast hören sollten, angenehm ist.

Das beginnt in deinem Kopf. Je mehr du dich emotional auf die Gastgeber*innenrolle einlässt, desto eher kannst du deinen Hörer*innen eine angenehme Atmosphäre schaffen. Deine innere Haltung deinen Gästen gegenüber wirkt sich unmittelbar auf den Klang deiner Stimme und die von dir ausgewählten Worte aus. Im nächsten Schritt lohnt es sich, über die passende Musik oder Soundeffekte nachzudenken. Aber alles beginnt mit dem Gefühl, das du schaffen willst und um das du dich mittels deiner Sprache bemühst. Musik und Co. können eine verstärkende oder schwächende Funktion erfüllen. Aber für die Schaffung der richtigen Mood bist du zuallererst allein zuständig.

Das **W**illkommens- sowie das **M**oodelement der W.A.R.M.-Formel sind emotionale Aspekte. Bei ihnen geht es darum, was die Hörer*innen fühlen. Der mittlere Teil aus **A**nkündigung der Inhalte sowie das Aufzeigen der **R**elevanz sprechen eher die Ratio des Publikums an. Ein gute Intro bedient beide Seiten gleichermaßen. Ziel des Intros ist also, dass jede*r sofort weiß, *worum* es geht, *warum* es *wichtig* ist, *dir* zuzuhören. *Und* dass es sich *gut anfühlt*, dabei zu bleiben.

Versuche, deine Begrüßung schriftlich festzuhalten. Ihre Länge ist dabei relativ variabel, sollte aber nicht mehr als 10 bis 20 Sekunden in Anspruch nehmen. Es geht hier noch nicht um die ausführliche Anmoderation, sondern lediglich um den passenden Einstieg. Nimm dir Zeit und versuche, möglichst präzise zu formulieren – gerne bereits auf den nächsten Zeilen hier im Buch.

Wenn du mit deinem Text zufrieden bist, schnapp dir dein Smartphone und nimm dein Intro auf. Probiere am besten verschiedene Versionen aus. Wie muss deine Stimme klingen, damit sie möglichst viele Hörer*innen zum Verweilen einlädt?

Höre dir die verschiedenen Versionen nach einer kleinen Pause in Ruhe an. Hörst du wirklich, was du hören willst? Erfährst du, worum es geht und warum der Podcast für dich wichtig ist? Fühlst du dich willkommen und möchtest bleiben?

Entscheide dich für die deiner Meinung nach beste Variante und spiele sie dann jemand anderem vor. Bitte deine Testperson, dir ehrlich und von der Leber weg zu sagen, ob sie den Podcast hören würde oder nicht. Wenn die Antwort Ja lautet, frage, warum. Wenn sie Nein lautet, frage noch viel dringender, warum!

Liegt es an der emotionalen Ebene oder sind es die Inhalte, die entweder unklar sind oder als irrelevant eingestuft werden? Die Antworten deiner Testperson sind Gold wert, denn sie helfen dir bei der Verfeinerung deines Intros. Dennoch solltest du sie nicht auf die Goldwaage legen, denn jede Einschätzung ist subjektiv. Es kann durchaus sein, dass sich dein*e Gesprächspartner*in unwohl fühlt oder die Themen als irrelevant empfindet. Ein*e andere*r Hörer*in spiegelt dir vielleicht genau das Gegenteil zurück. Hole dir eine Einschätzung und gleiche das Empfinden deiner Testperson mit deiner Intention kritisch ab. Du entscheidest, ob du denn alles »richtig« gemacht hast. Sorgen würde ich mir nur machen, wenn dein*e Testhörer*in nicht erkennen konnte, worum es in deinem Podcast geht. Das ist der einzige weniger individuelle Punkt. Da werden Stimmung und Relevanz unwichtig, denn wenn die Inhalte nicht klar sind, bleiben auch wohlmeinende Hörer*innen nicht bei dir. Aber selbst wenn das passieren sollte, ist das nicht schlimm. Bessere nach, formuliere um und finde Stück für Stück die richtigen Worte, die dein Intro erfolgreich machen.

Intro: Beispiele aus der Praxis

Podcast: *Bruce Springsteen sings the Alphabet*

»Today on *Bruce Springsteen Sings the Alphabet*: Songname
(Musik)

Hey everybody, you're listening to *Bruce Springsteen sings the Alphabet*. The only podcast on the internet where we talk about every Bruce Springsteen song. Alphabetically. One by one. My name is Rob Carmack and over there that's J. B. Clark.«

Hosts: Rob Carmack, J. B. Clark

Podcast: *Alles gesagt?* von *ZEIT ONLINE* und *ZEIT MAGAZIN*

(Zitate des Gasts aus der Folge)

»Herzlich willkommen zu *Alles gesagt?*, dem unendlichen Podcast von *ZEIT ONLINE* und *ZEIT MAGAZIN*. Der Podcast, der erst zu Ende ist, wenn der Gast sagt: ›Es ist alles gesagt.‹ Und herzlich willkommen unserem Gast von heute, (Name des Gasts).«

Hosts: Jochen Weger, Christoph Amend

Podcast: *überzeugungsarbeit.de*

»Wahlkampf während der Coronakrise. Sollte man das tun? Ist das möglich? Ist das legitim? Und wenn ja, wie verändert Corona eigentlich den Wahlkampf? Genau darüber möchte ich in dieser Ausgabe des Podcasts sprechen.
(Musik)

Herzlich willkommen bei *überzeugungsarbeit.de*, dem Podcast für politische Kommunikation, Campaigning, Wahlkämpfe und Öffentlichkeitsarbeit.«

Host: Leif Neugeborn

Podcast: *Ich und mein Crohn*

»Hallo, hier ist Kai von *Ich und mein Crohn*. Heute gibt es vier Tipps für eine optimale Narbenpflege. Ich freue mich auf dich. Wir hören uns auf der anderen Seite des Intros. Bis gleich.«
(Musik)

Host: Kai Flockenhaus

Podcast: *Der Dennis Eighteen Podcast für Kommunikation, Kreativität und Haltung*

(Soundcollage aus Musik und Originalaufnahmen der NASA – ›Five, four, three, two, one. It's one small step for men one, one giant leap for mankind.‹)

»Herzlich willkommen zum Podcast für Kommunikation, Kreativität und Haltung mit Dennis Eighteen. Und selbiger bin ich.«

(Vorstellung des Gasts)

Host: rate mal!

Das gelungene Outro

Als ich vor gut zwanzig Jahren Gesangsunterricht nahm, sagte mein Lehrer einen Satz, den ich seither nie wieder vergessen habe: »Du kannst so geil singen, wie du willst, wenn der letzte Ton nicht stimmt, klatscht keiner.« Ich habe in vielen Lebenssituationen an diese Worte denken müssen. Ich fand es immer leichter, eine Bühne zu betreten, als sie sauber wieder zu verlassen – ebenso finde ich es immer einfacher, ein Gespräch zu beginnen, als es zu beenden. Alle sprechen davon, wie wichtig der erste Eindruck ist, den man macht. Aber was ist mit dem letzten Bild, das man hinterlässt?

Wie beendet man also eine Podcast-Folge mit Bravour? Das lässt sich am einfachsten mit einem Blick auf die Funktion der Schlusssequenz beantworten. Was sollen die letzten Momente einer Folge leisten? Da ist zum einen das freundliche Tschüss, das eher ein »Auf Wiederhören« sein sollte. Freundlich, weil wir uns ja bereits im Intro entschieden haben, dass unsere Hörer*innen gerne bei uns sein sollen. Und »Auf Wiederhören« deshalb, weil ein Podcast ein serielles Angebot ist: Nach der Folge ist vor der Folge. Du möchtest schließlich, dass dein Publikum dir immer wieder aufs Neue seine Aufmerksamkeit schenkt. Daher ist es am Ende deines Podcasts wichtig, deinen Hörer*innen genau diesen Wunsch mitzuteilen. Sag, dass du dich freust, wenn sie bei der nächsten Folge wieder dabei sind. Falls du bereits weißt, worum es in der nächsten Folge geht, kannst du im Outro auch Werbung für die nächste Folge machen. Bitte deine Hörer*innen ganz direkt, beim nächsten Mal wieder dabei zu sein. Am besten tust du dies mit einem expliziten **Call-to-Action**: »Bitte abonniert meinen Kanal, damit ihr immer auf dem Laufenden bleibt.«

Oft hört man Hosts in weiteren Calls-to-Action, dem Podcast doch bitte eine **Bewertung** und einen **Kommentar** zu hinterlassen. Das ist sinnvoll, denn durch die **Interaktion** merkt der Algorithmus der Soundcatcher-App, dass die Hörer*innen den Podcast als relevant einstufen. Sonst würden sie sich nicht diese Mühe machen. Je mehr die Plattformen wahrnehmen, dass dein Podcast angenommen wird, desto eher wird er anderen Hörer*innen empfohlen. Es gibt noch einen weiteren Mehrwert für dich: Jede aktive Handlung deiner Hörer*innen führt zur Verstärkung der Bindung an den Podcast. Dasselbe gilt für den Call-to-Action, den Podcast doch bitte **auf allen Social-Media-Kanälen** zu verbreiten. Ich verbinde diesen Wunsch meist mit der Erklärung, dass dies dazu führe, dass mehr Menschen auf meinen Podcast aufmerksam würden.

Was soll das Outro außerdem leisten? Idealerweise fasst du den Inhalt der Folge noch einmal kurz zusammen. Du musst dafür nicht unbedingt die Inhalte wiederholen, denn auch eine emotionale

Zusammenfassung kann diese Funktion erfüllen. Gesprochen kann das beispielsweise so klingen:

- **Emotionale Zusammenfassung:** »Schade, dass wir jetzt zum Schluss kommen müssen. Ich habe unser Gespräch sehr genossen und tausend neue Ideen bekommen. Herzlichen Dank, dass du mich so mit Energie aufgeladen hast. Ich habe richtig Lust, mich auf neue Projekte zu stürzen.«
- **Inhaltliche Zusammenfassung:** »Ich habe heute wirklich viel von dir gelernt, herzlichen Dank! Am stärksten ist bei mir die Zahl der … hängen geblieben. Das hat mich wirklich überrascht. Und wenn man bedenkt, dass wir erst seit …«

Beide Zusammenfassungen würde ich mit einer Frage an den Gast abbinden, die als Vorlage dient, **auf die Erreichbarkeit (wie Internetseite, Social-Media-Präsenz, E-Mail-Adresse) des Gasts hinzuweisen**: »Wenn die Hörer*innen mehr wissen wollen, wie erreichen sie dich? Wo finden sie weitere Informationen?« Für dein Publikum sind dies willkommene Informationen und für deinen Gast ist die Nennung der Internetseite ein wertvolles Dankeschön – schließlich machst du damit Werbung für ihn*sie.

Ganz zum Schluss solltest du noch eine Botschaft loswerden. Wie kann dein Publikum mit dir in Kontakt treten beziehungsweise mehr über dich und deine Inhalte erfahren? Der Hinweis auf auch deine Homepage ist daher hier sinnvoll. Aber halte diesen Teil kurz und einfach. Du kannst nicht davon ausgehen, dass deine Hörer*innen schnell auf Pause drücken und mitschreiben. Im besten Fall ist **die URL deiner Webseite** so einfach, dass man sie sich gut merken kann. Es lohnt sich aber in jedem Fall, auf die sogenannten **Shownotes** zu verweisen, in denen alle **Kontaktdaten** zu dir und deinem Gast festgehalten sind. Diese kurzen Texte sind wie ein Beipackzettel und sind überall dort abrufbar, wo dein Podcast verfügbar ist. Sie beinhalten die wichtigsten Informationen aus der Folge, weiterführende Links zum Thema und vor allem deine erneute Einladung, mit dir in Verbindung zu treten.

Wie beim Intro macht es viel aus, wenn das Outro eine eigene Klangfarbe und somit eine herausgehobene Rolle bekommt. Oft wird die Eingangsmusik leise unter das Outro gelegt. Das rahmt die Folge schön ein und macht eine runde Sache aus ihr.

Abb. Checkliste gelungenes Outro

Höre dir eine deiner Lieblings-Podcast-Folgen an und stoppe sie, kurz bevor der*die Host das Outro beginnt. Übernimm ungefragt seine*ihre Rolle und sprich ein passendes Outro. Nimm das Gesprochene dabei mit einem Smartphone auf und höre dir das Ergebnis an. Dann hör dir danach an, wie es der*die Host gemacht hat. Was war bei dir besser, was im Original?

Diese Übung kannst du öfter wiederholen, wann immer du einen Podcast hörst. Stoppe kurz vor Schluss und sprich spontan ein Outro. Du wirst merken, wie sich in deinem Kopf gewisse Muster und Automatismen entwickeln und du immer leichter zu kompakten, gut verständlichen Outros kommst. Wie alles im Leben ist auch dieser Teil reine Übungssache.

Beispiele aus der Praxis

Podcast: Zukunft gerecht

»Wir freuen uns, wenn Sie den Podcast der Friedrich-Ebert-Stiftung abonnieren. Sie finden uns auf Spotify, Apple Podcast und auf allen bekannten Podcast-Plattformen. Ich sage danke fürs Zuhören von *Zukunft gerecht*, dem Podcast der Friedrich-Ebert-Stiftung. Bis zur nächsten Folge.«

Moderation: Claudia Knoppke

Podcast: Hast du schon daran gedacht? Der Business Podcast

»Jetzt zum Schluss erlaube ich mir wieder den Hinweis, meine lieben Zuhörer, wenn euch diese Podcast-Folge gefallen hat, dann empfehlt uns doch bitte weiter. Nicht nur uns, sondern natürlich auch unseren Gast. Gebt uns Sterne und Herzen auf eurer Streaming-Plattform und informiert euer Netzwerk über unsere Podcast-Reihe. Denn wie bei unseren interviewten Start-ups leben auch wir von Werbung und der Weiterempfehlung. Euer Marcus.«

Host: Dr. Marcus Disselkamp

Podcast: Ich und mein Crohn

»Checkt bitte alle Links unter dieser Podcast-Folge aus. Da kommt ihr dann auf alle Social-Media-Kanäle von (...) und auf die Seite vom (...). Lasst gerne auch mal auf deren Instagram-Account einen Gruß von mir da. Dass ihr die Podcast-Folge hier gehört habt. Das ist vielleicht auch nicht verkehrt.

Das war's schon wieder für heute. Wenn du Lust hast, dann lass mir gerne ein Feedback da. Du findest auch meine E-Mail-Adresse unter dieser Podcast-Folge verlinkt.

Und ansonsten check einfach meine Seite www.ichundmeincrohn.de aus und tob dich da gerne durch die Blogartikel und hör dir gerne noch andere Folgen an. Lass uns in Verbindung bleiben. Das fände ich sehr, sehr schön. Und wenn du möchtest, hören wir uns nächste Woche wieder. Freitag, pünktlich um fünf Uhr. Du, ich und mein Crohn. Und bis dahin bist du hoffentlich schubfrei.

Ich bin raus. Bis dahin. Ciao.«

Host: Kai Flockenhaus

Podcast: Tägliche Tipps für Kreative mit Dennis Eighteen

»Das soll für heute erstmal der Hinweis gewesen sein, denk nicht nur über Zeitmanagement nach, sondern überleg, wo bekomm ich Energie her, wo steck ich sie rein und wie komme ich am Ende dahin, dass ich mit einem Plus wieder rausgehe?«

»Das soll es für heute erstmal gewesen sein. Bis dann, bis zum nächsten Mal. Abonniert bitte diesen Kanal und alle anderen meiner Podcasts und auf www.DennisEighteen.de findest du sowieso alles zu dem, was ich hier so erzähle. Bis dann und immer schön weitermachen.«

Host: Ich schon wieder

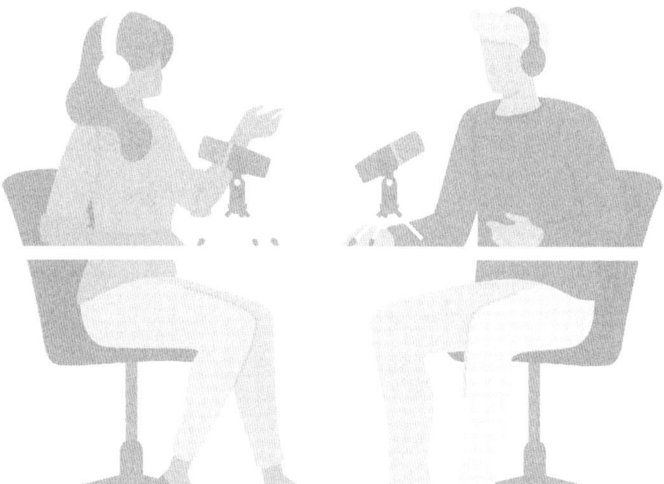

AUDIOIDENTITÄT: DAS UNVERWECHSELBARE KLANGBILD

DEINE STIMME

Viele Podcasts haben Rituale und wiederkehrende Soundelemente und Musik integriert, sie schaffen sich so eine unverwechselbare Klangwelt, einen einzigartigen Audio-Daumenabdruck. Je klarer dieser herausgearbeitet wird, desto höher ist die Wiedererkennbarkeit. Die Podcast-Fans haben kein optisches Bild vor Augen. Ihre Ohren müssen dem Hirn alle Informationen liefern, um ein »inneres Bild« zu erzeugen. Ist dieses Bild eindeutig und klar gezeichnet, fällt es den Hörer*innen leichter, sich auf das Angebot einzulassen und dauerhaft dabeizubleiben. Wiedererkennbarkeit führt zur Bekanntheit, die wiederum Nähe und Vertrauen schafft – erst dann können Podcast-Fans sehr treue Begleiter*innen auf deiner Pod-Reise sein. Es lohnt sich also, bei der Konzeption deines Podcasts viel Hirnschmalz in die Frage der Audioidentität zu investieren.

Der Fantasie sind dabei kaum Grenzen gesetzt. Beliebt sind zum Beispiel Spiele, denen sich die Gesprächsgäste unterziehen müssen, oder wiederkehrende Fragen und typische Gesprächsverläufe. Jingles, Begrüßungs- und Abschiedsformeln, Soundteppiche und Musik führen zum eigenen, wiedererkennbaren, hörbaren Fingerabdruck.

Es gilt, die Zielgruppe, die eigene Persönlichkeit und genretypische Elemente zu erkunden, auszuprobieren und zielgerichtet einzusetzen. Hör dich um, wie es andere machen und brainstorme dann nach eigenen Ideen. Nicht alles passt zu jedem Podcast und oft ist weniger mehr. Im Zentrum sollten immer die Inhalte und die Persönlichkeit des Podcasters stehen. Versuche also, die richtige Dosis und Geschmacksnote zu finden.

> *»In der Fülle der produzierten Podcasts braucht man einen Wiedererkennungswert. Andernfalls geht man unter und bindet keine Hörer*innen. Daher sollte das Konzept eines Podcasts nicht ständig geändert werden. Außerdem helfen in jeder Sendung wiederkehrende Elemente – bei Friedrichs Flaschenpost zum Beispiel die immer gleiche Einstiegsfrage nach einer Erinnerung aus der Schulzeit und ungefähr zur Mitte jeder Sendung ein kleines Spiel mit dem Gast.*
> *Der oder die Gastgeber*in ist das verbindende Element eines Podcasts. Im Idealfall wirken die ersten Sätze des Gastgebers wie nach Hause kommen und von der Mitbewohnerin oder dem Partner angesprochen zu werden. Niemand wird einen Podcast hören, dessen Gastgeber mir unsympathisch ist. Umgekehrt verzeiht der Hörer auch eine schwache Folge, wenn man dem Gastgeber gern zuhört.«*
>
> Dietmar Molthagen, Julius-Leber-Forum der Friedrich-Ebert-Stiftung
> Host des Podcasts: *Friedrichs Flaschenpost*

Der stärkste Wiedererkennungswert eines Podcasts liegt in der Stimme und der inneren Haltung der Person(en) am Mikrofon. Hier besteht ein besonders großer Unterschied zum Radio. Die Audioidentität wird im Rundfunk bis zur Perfektion getrieben. Austarierte Playlists, die ewig gleichen Jingles und Soundteppiche (Pads) sowie das sendertypische Equalizing (Höhen-Mitten-Bass-Profil) verraten dem Publikum unmissverständlich, welcher Sender gerade läuft. Ein eindeutiges Sound- und Programmprofil sorgt für eine verlässliche Hörer*innenbindung und ein immer gleiches (und damit verlässliches) Umfeld für Werbekunden. Selbst Moderator*innen sprechen im sendertypischen Singsang. Es geht beim Radio also darum, dem Sender eine typische

»Stimme« zu geben – unabhängig von dem*der Moderator*in. Beim Podcast hingegen geht es darum, ihm einen individuellen Klang zu geben, der von der Persönlichkeit des Hosts geprägt ist.

Podcaster setzen stark auf ihr individuelles Profil. Sie sind ein bisschen wie die Radio-DJs längst vergangener Tage. Man wusste früher immer genau, wie die Sendung sich anfühlen würde, wenn der*die Lieblingsmoderator*in »On Air« war. In meiner Jugend kannte ich die Namen der Stimmen im Radio wie die meiner Freund*innen und wusste, welche Platten sie auflegen würden. Ich erinnere mich noch genau an Wilhelm Dincklages, dem »Bär vom NDR«, oder Carlo von Tiedemanns Stimme. Wenn diese Moderatoren die Musik auswählten, drückte ich gerne auf die Aufnahmetaste meines Kassettenrekorders. So manches Mixtape aus dieser Zeit schläft noch selig in irgendeiner Kiste in meinem Keller. Für die Ewigkeit eingefroren ist die Persönlichkeit der Moderator*innen. Auf Band gebannte Zwischenmoderationsfetzen und die Musik meiner Jugend. Diese Radiozeiten sind vorbei. Aber in der Podcast-Welt gibt es sie noch beziehungsweise wieder: die Lieblingsmoderator*innen, die man mögen kann.

Das Zeigen der eigenen unverwechselbaren Identität durch Sprechweise, Themenauswahl und die Bereitschaft, die eigenen Gedanken frei zu teilen, bedarf natürlich Mut. Schließlich verrät die eigene Stimme viel über uns. Das Publikum bekommt schnell ein deutliches Bild von Herkunft, Bildungsstand, Wertekanon und Lebenserfahrungen des Podcasters. Wer sich traut, sich zu »zeigen«, die Persönlichkeit hörbar zu machen, macht sich angreifbar und verletzlich. Das birgt ein gewisses Risiko, eröffnet aber auch große Chancen. Denn Hörer*innen schenken eher ihr Vertrauen authentischen Hosts als fremdbleibenden Profisprecher*innen: Vertrauen und Vertrautheit sind ein großer Schlüssel zum Podcast-Erfolg.

Wie findest du nun also deine eigene Audioidentität? Um dies herauszufinden, solltest du dich mit den folgenden zwei Fragenkomplexen im Detail auseinandersetzen:

1. Was verbindet dich mit dem Thema deines Podcasts?
2. Wer bist du als Host und wie ist deine Verbindung zur Community?

Erst in einem späteren Schritt geht es darum, wie du deinen Podcast produktionstechnisch, zum Beispiel durch Musik, zum Klingen bringst. Zunächst richten wir den Blick auf das Dreieck »Thema – Host – Community«, genauer gesagt, auf deren Verbindungen.

Um dir dabei zu helfen, diese genannten Fragen zu beantworten, habe ich einen Mini-Workshop entwickelt, den du allein oder mit deinen Kreativpartner*innen gemeinsam durcharbeiten kannst, denn es hilft, die gestellten Fragen nicht nur in Gedanken zu beantworten.

Halte die Ergebnisse deiner Gedanken fest und lasse sie auf dich wirken. Sprich deine Gedanken »auf Band«, nimm dafür also einfach dein Smartphone und nutze die Diktierfunktion. Diese Arbeitsweise hält die Ergebnisse des Entwicklungsprozesses fest und du festigst gleichzeitig deine Fähigkeit, komplizierte Gedanken hörbar zu machen. Du übst also somit eine der wichtigsten Kompetenzen eines Podcasters.

MINI-WORKSHOP: AUDIOIDENTITÄT: FINDE DEINE EIGENE PODCAST-STIMME

Das Themendreieck: Verbindungen zwischen Thema, Host und Community

Im Zentrum deines Podcasts steht das Thema. Es muss zu dir und deiner Zielgruppe passen. Tritt im ersten Schritt ein Stück zurück und betrachte das Dreieck »Thema, du und dein Publikum« als Ganzes. Hauptsächlich interessieren wir uns dabei für die Verbindungen zwischen diesen, denn in diesem Spannungsfeld entsteht deine eigene unverwechselbare Podcast-Stimme und somit der Kern deiner Audioidentität.

Das Themendreieck

Versuche, die folgenden Fragenkomplexe möglichst präzise zu beantworten!

Was verbindet dich mit dem gewählten Podcast-Thema? Handelt es sich um eine kompetenzbasierte Verbindung oder hat das Thema eine persönliche, emotionale Bedeutung für dich?

Wenn du ohne zu zögern eines der beiden Kästchen angekreuzt hast, hast du bereits Klarheit über deine Verbindung zum Thema. Es ist aber wahrscheinlicher, dass du eine Weile gegrübelt hast und dann entweder dein Kreuz in beiden Kästchen oder irgendwo dazwischen gemacht hast. So geht es den meisten von uns, denn selten ist jemand ein*e Expert*in, ohne auch emotional mit dem Thema verbunden zu sein. Anders herum gilt ebenfalls: Wen ein Thema emotional berührt, der macht sich darüber klug.

Wichtig ist dieser erste Schritt, damit du dir klar wirst, mit welcher Stimme du sprichst und aus welcher Verbindung zum Thema du deine Autorität dem Publikum gegenüber beziehst. Dabei ist der Status beziehungsweise die Rolle als Expert*in keineswegs mehr wert als die des emotional verbundenen Hosts. Beide Pole bieten viel Energie, die dich zum Podcast-Erfolg und zur Anerkennung innerhalb der Community tragen können.

In meinen Workshops führe ich gerne das Thema Atomkraft an: Wer als Kernphysiker*in über das Thema spricht, der*die hat Ahnung, weshalb die Menschen zuhören. Wer hingegen deutlich und vor allem laut sagt: »Ich habe zwar keine Ahnung, wie ein AKW funktioniert, aber ich habe eine verdammte Angst vor den Risiken der Nukleartechnik!«, dem wird ebenfalls Aufmerksamkeit zuteil. Auch die emotionale Verbindung zum Thema (ohne Expert*innenwissen) verleiht Autorität – solange man glaubwürdig ist.

Du solltest als Host für dich klären, aus welcher Rolle heraus du über dein Thema sprichst. Das macht es deinen Hörer*innen leichter, deine Worte einzuschätzen. Wenn du deine Kernrolle einmal vorübergehend verlassen möchtest, ist das kein Problem. Es empfiehlt sich dann aber, diesen Rollenwechsel transparent zu machen und ihn deinem Publikum mitzuteilen.

Nimm dein Smartphone zur Hand, drücke die Aufnahmetaste und versuche, deinem Telefon zu erläutern, was dich mit deinem gewählten Thema verbindet. Warum sprichst du darüber und auf welche Weise bewegt es dich? Still dir dabei vor, dir säße eine Person gegenüber, die dir die folgende Frage stellt: »Warum sprichst du ausgerechnet über dieses Thema?«

Dein*e imaginäre*r Gesprächspartner*in hört dir geduldig zu. Du musst also keine schnelle Antwort parat haben. Ganz im Gegenteil! Rede frei von der Leber weg und entwickle deine Antwort beim Sprechen. Mach auf diese Weise deine Gedanken hörbar. Betrachte die Fragestellung mit einem gewissen Abstand, dann aus nächster Nähe. Lass dir dafür Zeit und erlaube dir geistige und sprachliche Umwege. Formuliere so scharf und präzise, wie du kannst. Wenn du dafür ein paar Minuten »schwafeln« musst, bis sich deine Gedanken sortiert haben, ist das völlig in Ordnung. Es geht nicht darum, sofort eine Antwort zu haben, sondern sie hörbar zu entwickeln.

In deiner Podcast-Karriere wirst du immer wieder mit neuen Fragen und Gedanken konfrontiert, zu denen du keine vorgefertigte Antwort hast. Manchmal bringt ein Gesprächsgast einen Aspekt mit, der dich stutzen und grübeln lässt. Ich bin unzählige Male von meinen Gästen überrascht und aus dem Konzept gebracht worden. Diese Momente sind wundervoll und gruselig zugleich. Zum einem geben sie den Gesprächen eine Würze und spannende Wendungen, zum anderen merkt man in diesen Momenten plötzlich deutlich, auf welcher Höhe das Drahtseil gespannt ist, auf dem man als Podcaster balanciert. Unerwartetes bringt einen aus dem Gleichgewicht. Das kann schon ziemlich aufregend sein – positiv wie negativ. In einer unvorhersehbaren Gesprächssituation – gerade, wenn das Aufnahmegerät läuft – ist es unmöglich, »in Ruhe« nachzudenken, um dann druckreif antworten zu können. Man muss improvisieren und beim Sprechen den richtigen Weg finden. Man moderiert sich rein in Sackgassen, dreht sprachlich um, guckt verbal nach links und rechts, um schlussendlich wieder auf Kurs zu kommen. Dabei läuft »das Band« (und das Gespräch) weiter. Genau auf diese Situation bereitet dich die vorgeschlagene Arbeitsweise vor.

Auch dem nächsten Aspekt, nämlich deine Beziehung zu deiner Community, kannst du dich mit dieser Methode annähern.

Ein Podcast-Host mag vielleicht allein vor dem Mikrofon sitzen, aber ein Podcast ist dennoch kein Soloprogramm. Man kann immer zwei Seiten im klassischen Kommunikationsmodell betrachten: die der Sender und der Empfänger, also dem Podcaster und der Hörer*innenschaft. Um den passenden Sound deines Podcasts zu entwickeln, ist es wichtig, die Verbindung zwischen dir und deiner Community genau zu beleuchten:

- Wie siehst du deine Hörer*innen?
- Wie sehen sie dich?
- Welche Beziehung habt ihr zueinander bzw. welche willst du entwickeln?
- Bist du ein Teil der Community oder bist du nur ein gern gesehener Gast?
- Stehst du lieber am Rand oder willst du mitten rein ins Getöse?
- Was wünschst du dir von deinen Zuhörer*innen?
- Was wünschen sie sich wiederum von dir?

Von den Antworten auf diese Fragen hängt maßgeblich ab, wie du mit deiner Community kommunizierst.

- Sprichst du zu ihnen oder mit ihnen?
- Duzt du deine Hörer*innen oder siezt du sie?
- Bist du locker, entspannt und lustig oder ernst, sachlich und zurückhaltend?
- Welchen Sprachcode wählst du?

Deine Sprache erreicht dein Publikum, wenn die Art und Weise, wie du sprichst, zu dir passt, die Erwartungen deiner Community bedient und eurer Beziehungsebene entspricht.

Gerade wenn du erst am Anfang deiner Podcast-Karriere stehst, ist dieser Fragenkomplex noch mit vielen Unbekannten und Annahmen versehen. Das macht aber nichts. Du musst auch nicht alles beantworten können. Wichtig ist, dass du dich diesen Fragen stellst, da sie dich deiner Community näherkommen lassen. Je mehr du über die Leute nachdenkst, die dir zuhören (sollen), desto mehr verstehst du ihre Bedürfnisse und kannst dich auf sie einlassen. Je klarer du dir über die Art eurer Beziehung bist, desto leichter triffst du den richtigen Ton. Dein Publikum wird das merken. Ernstes Interesse an deiner Community wird wahrgenommen und dann mit Aufmerksamkeit und Treue belohnt.

Lass dich darauf ein, dir diese Fragen zu stellen. Denk kurz über sie nach, drücke dann auf die Aufnahmetaste deines Smartphones und formuliere deine Antworten. Sprich so lange, bis du das Gefühl hast, dass du eine klare Antwort hast. Lege das Handy eine Zeitlang zur Seite und gönne dir eine Tasse Kaffee.

Wenn du dann etwas zeitlichen Abstand gewonnen hast, setz dir die Kopfhörer auf und höre dir selbst zu. Versuche dabei, dich ein wenig davon zu lösen, dass du deiner eigenen Stimme lauschst.

Welchen Eindruck hast du? Meint die Stimme in deinem Ohr es ehrlich? Wie klingt sie? Hat sie einen Rhythmus? Klingt sie sympathisch, kompetent, souverän, lustig ...? Und die wichtigste Frage: Sucht die Stimme eine Verbindung zu den Hörer*innen? Denn darauf kommt es an! Wenn du bzw. deine Stimme die Nähe zum Publikum sucht, wird es dies auch zu dir tun.

Die Stimme ist der wichtigste Teil dessen, was wir als Audioidentität bezeichnen. Aber es ist nur ein Aspekt von mehreren. Weitere Elemente, die die Wiedererkennbarkeit des Klangerlebnisses deines Podcasts prägen, sind zum Beispiel Musik oder Toneffekte. Auch der Schnitt deiner Folgen prägt den Klang. Kompressoren, Limiter und andere Effekte können einen großen Einfluss darauf haben, wie dein Podcast klingt und deine Stimme wirkt. Mehr dazu findest du im Kapitel »Produktion«.

Zielgruppenanalyse

Im letzten Abschnitt haben wir uns der Verbindung zwischen dir und deinem Publikum gewidmet. Lass uns nun also im Folgenden noch eine Weile mit einer genaueren Betrachtung deiner Zielgruppe verbringen. Denn je mehr du über die Menschen weißt, die dir zuhören (sollen), desto besser kannst du deinen Podcast so gestalten, dass er deine Community nicht nur erreicht, sondern sie auch überzeugt und an dich bindet.

Die gedanklichen Schritte, die wir gemeinsam gehen wollen, sind der Logik des Marketings entliehen. Viele Muster kommen aus der Welt der Werbung und der Kampagnenführung. Für den einen oder die andere ist diese Herangehensweise fremd oder gar befremdlich.

SCHRITT 1

Entwickle die Analyse Deiner Verbindung zur Community sprechend.

SCHRITT 2

Höre Dir Deine Vorstellungen an.

ERGEBNIS DIESER ÜBUNG

Klarheit bezüglich Deiner Beziehung zur Community.
Training bei der verständlichen Formulierung komplexter Inhalte.

Selbst wenn du deinen Podcast nicht als kommerzielles Produkt siehst oder den Gedanken des »scratch your own itch« verfolgst, lass dich bitte dennoch auf diesen Themenkomplex ein. Wenn ich über Marketing spreche, meine ich nicht (ausschließlich) »verkaufen«. Vielmehr geht es mir darum, dein Publikum kennenzulernen und nach Wegen zu suchen, es so anzusprechen, dass es sich auf dein Angebot einlässt und deinem Podcast das gibt, was er verdient: treue Aufmerksamkeit.

Beginnen wir mit einer Begriffsklärung: Stelle dir die Frage, ob du die Menschen, die deinem Podcast folgen, als »Publikum« oder als »Community« siehst. Bisher habe ich diese Bezeichnungen bewusst synonym verwendet. Nun aber ist der Moment gekommen, sich zu entscheiden, welche Funktion deine Hörer*innen in deiner Podcast-Welt einnehmen (sollen). Von der Frage, wie du deine Hörer*innen wahrnimmst, leitet sich direkt ab, wie du sie ansprichst, welche Wege der Kontaktaufnahme du nutzen willst und wie dein Podcast gestaltet ist.

Siehst du die Menschen, die deinen Podcast hören, als eine **Ansammlung einzelner Rezipient*innen** oder als **Teil einer Gemeinschaft**, die etwas verbindet? Hast du eher eine Einzelpersonenperspektive, wird es dir schwerfallen, dein Publikum zu verstehen und deine Produktionsweise entsprechend anzupassen. Auch wenn jeder Mensch unterschiedlich ist, so gibt es dennoch Punkte, die uns verbinden und aus Individuen eine Gemeinschaft/Gruppe/Community machen. Diese verbindenden Elemente zu identifizieren, kostet Mühe – die sich aber lohnt. Denn zum einen ist es spannend, auf diese Entdeckungsreise zu gehen, und zum anderen hilft es dir, deinen Podcast zielgruppengerecht zu gestalten. Im Idealfall schaffst du es, die gesammelten Informationen über die Community, die du ansprichst in konkrete Maßnahmen zu übersetzen, die sich auf Produktionsweise, Verbreitungsstrategie oder die Inhalte auswirken. Selbst wenn du dein Angebot nicht bewusst veränderst, wird sich dein Mindset und deine Sprache deinem gewachsenen Verständnis deiner Hörer*innenschaft anpassen.

Beginnen wir mit der Entdeckungsreise in die Beschaffenheit deiner Community. Was weißt du über deine Hörer*innen? Zu Beginn deiner Analyse hast du eine ungefähre Ahnung und eine Zahl. Beginnen wir mit der Zahl. Deine Hosting-Plattform, also der Ort, von dem aus deine Audiodatei im Internet verbreitet wird, liefert dir auf den ersten Blick die Klick- bzw. Downloadzahl deiner Folgen und deines

Podcasts insgesamt. Das ist der erste Ansatzpunkt. Du erhältst eine Einschätzung über die Größe deines Publikums. Das ist schon mal gut, aber keineswegs ausreichend, um strategische Entscheidungen zu treffen. Dafür musst du mehr wissen. Schau dich auf der Plattform deines Hosting-Services genauer um. Du wirst mit Sicherheit den Punkt »Statistiken« entdecken. Hier findest du interessante Daten, die deine Hörer*innen genauer beschreiben. Je länger dein Podcast schon besteht und je mehr Menschen dir zuhören, desto klarer und verlässlicher wird das Bild deiner Community, da sich die Datenbasis erweitert. Dann lassen sich erste zuverlässige Schlüsse ziehen.

Werfen wir einen Blick in das Backend meines Smartphone-basierten Podcasts *Tägliche Tipps für Kreative*. Die App Anchor,[9] mit der ich über den Zeitraum von gut einem Monat täglich Content produziert und verbreitet habe, zeigt mir im Analytics-Bereich die Zahlen an, die die App aus dem Datentopf von Spotify gezogen hat. Versuchen wir also hier, die Daten zu deuten. Beginnen wir mit einer der ersten angebotenen Statistiken: Sie zeigt mir, welche Folgen besonders oft geklickt wurden, und ich erkenne auf den ersten Blick, dass überproportional viele Menschen auf die Episode zum Thema »Weg vom Zeitmanagement – hin zum Energiemanagement« geklickt haben. Auch wenn der Datenpool dieses kleinen Nebenprojekts relativ klein ist (ca. 2.500 Klicks insgesamt), so sehen wir doch deutlich, dass zehnmal mehr Hörer*innen diese Folge geklickt haben als auf die bei den Klicks zweitplatzierte Folge. Wir erhalten also Erkenntnisse über die thematischen Vorlieben der Hörer*innenschaft.

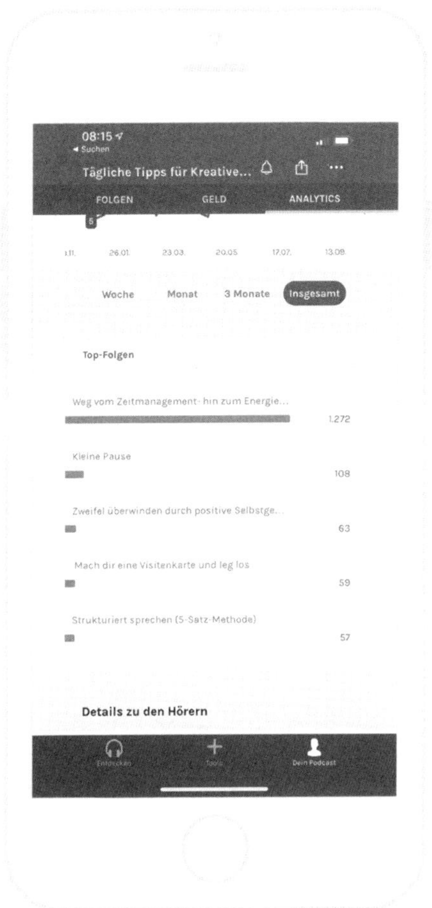

Auswertung der Klickzahlen nach Folge (*Tägliche Tipps für Kreative*, Anchor-App, Datenquelle: Spotify, 26. Oktober 2020)

Auch über Alter und Geschlecht liefert mir die Anchor-App wertvolle Daten. Ich kann anhand der Diagramme ablesen, dass eine große Mehrheit meiner Hörer*innen sich als weiblich definieren und in die Altersgruppe zwischen 23–34 Jahren gehören (addiert: 42 %). Ich sehe aber auch, dass es in den Alterskategorien darunter und darüber kein starkes Gefälle gibt.

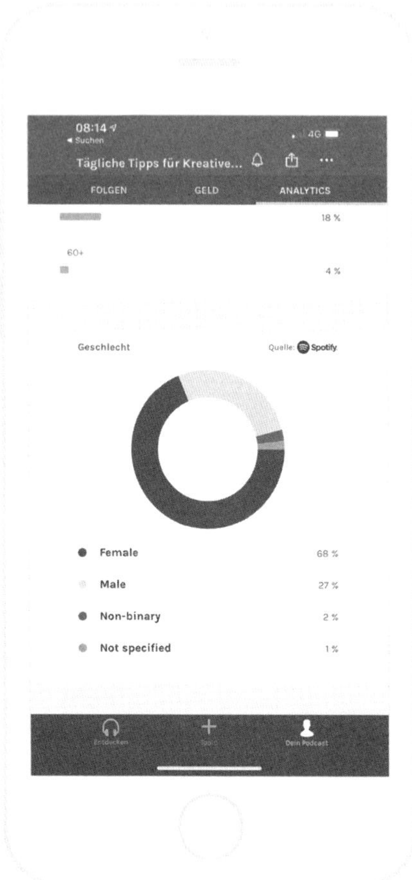

Hörer*innenstatistik nach Alter und Geschlecht (*Tägliche Tipps für Kreative*, Anchor-App, Datenquelle: Spotify, 26. Oktober 2020)

Zusätzlich verrät mir der Analysebereich der App noch etwas zum Wohnort (Land) und zur Podcatcherplattform, die mehrheitlich verwendet wurde, um meinen Podcast zu hören. Nicht überraschend liegt der regionale Schwerpunkt meiner Hörer*innenschaft in Deutschland – schließlich ist der Podcast auf Deutsch. Der Blick auf die Plattform ist spannender. *Tägliche Tipps für Kreative* findet die passenden Ohren zumeist auf Spotify. 79 % der Hörer*innen kommen über diese Plattform zu mir, während Apple Podcast gerade einmal 8 % beisteuert. Zusammenfassend lassen sich also die Menschen, die *Tägliche Tipps für Kreative* hören, wie folgt beschreiben: weiblich, mehrheitlich Mitte zwanzig bis Mitte dreißig aus Deutschland und im Besitz der Spotify-App.

Vergleichen wir das Bild einmal mit den Daten, die mir Spotify über die Hörer*innenschaft meines *Traumbilder*-Podcasts liefert.

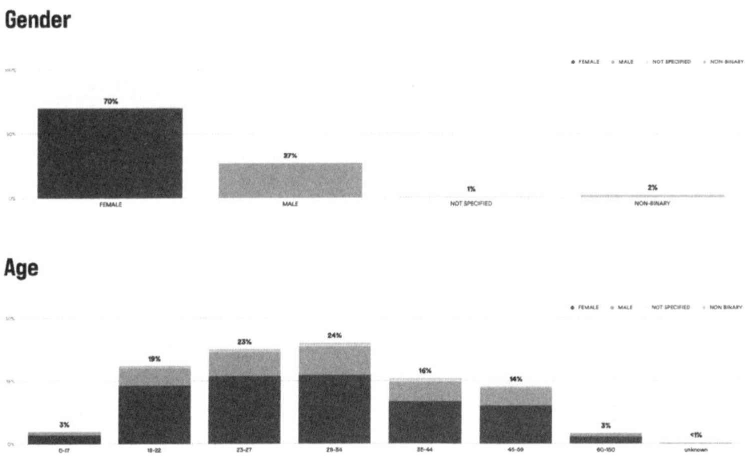

Hörer*innenstatistik *Traumbilder – Der Entspannungs-Podcast* (Datenquelle: Spotify, 26. Oktober 2020)

Auf der Datengrundlage von über 120.000 Listens ist das Bild schon verlässlicher. Auch hier sind es Frauen aus derselben Altersgruppe, die mehrheitlich meinem Podcast ihre Ohren leihen. Betrachte ich den Zeitverlauf, kann ich etwas entdecken, was mich sehr freut, aber mir auch gleichzeitig einen echten Kloß im Hals entstehen lässt. Seit Beginn 2020, also dem Start der Covid-19-Pandemie, sind meine Klickzahlen massiv angestiegen.

Starts & Streams

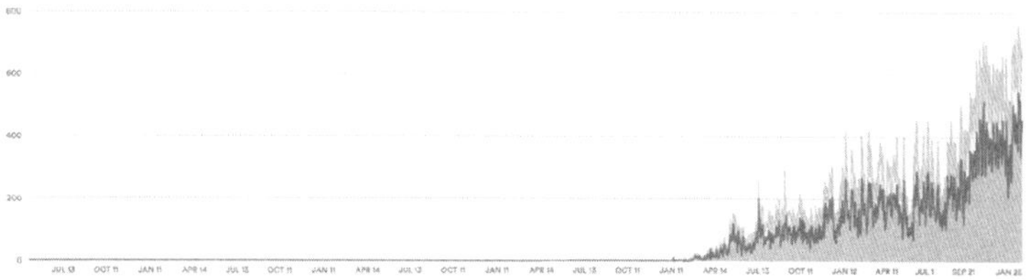

Listeners

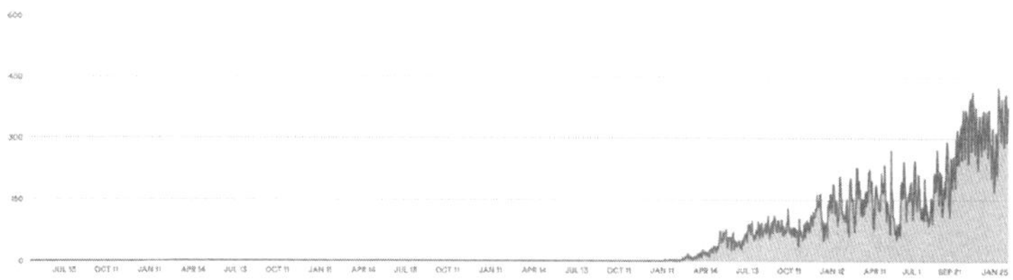

Follower

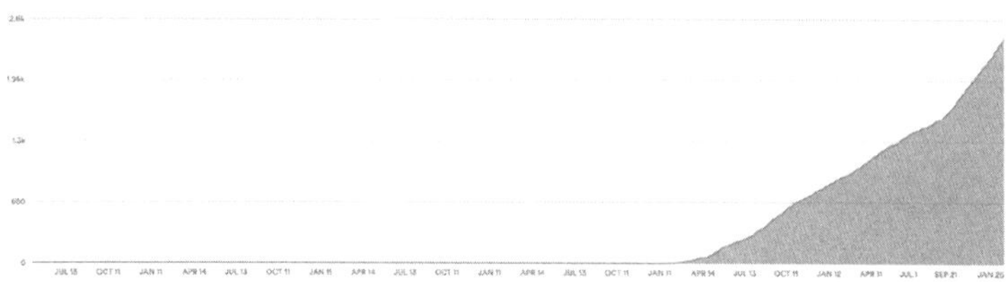

Ich sehe vor allem bei *Traumbilder* einen massiven Vorsprung der Spotify-User im Vergleich zu anderen Podcast-Plattformen. Beim *Dennis Eighteen Podcast* liegt der Schwerpunkt eher bei Apple Podcasts. Dafür mag es viele Gründe geben. Ich habe allerdings einen Thesencocktail entwickelt, der sich auch aus den Daten der beiden hier genauer betrachteten Podcasts ableiten lässt:

1. Das Thema ›Entspannung‹ ist bei Spotify ein besonders wichtiges.

2. Die künstliche Intelligenz hinter dem Spotify-Algorithmus hilft mit. Menschen, die nach Entspannungsmusik suchen, werden anscheinend auf meinen Podcast hingewiesen. (Auf meiner App wird mir passend zu meinem Podcast ebenfalls diese Art von Musik in Kombination mit meinem Podcast angeboten.)

3. Die Corona-Zeit belastet viele Menschen psychisch und sie suchen vermehrt nach Angeboten, die ihnen helfen, sich zu entspannen.

4. Es gibt anscheinend mehr Frauen als Männer, die bei Spotify nach Entspannungsangeboten suchen.

5. Der Schwerpunkt bei der Altersangabe ist schwer zu bewerten. Denn sicherlich muss das Durchschnittsalter der Spotify-User mitbedacht werden. Eine Bewertung, ob das Angebot meines Podcasts genau für die Altersgruppe 23–34 Jahre passt und nicht zufällig das Durchschnittsalter der Spotify-Abonnent*innen in dieser Kohorte einen Schwerpunkt hat, ist nicht ohne Weiteres möglich.

Ich habe versucht, von Spotify eine Antwort auf meine Thesen zu bekommen. Leider bekam ich einen knappen Textbaustein, der mir mitteilte, dass Spotify solche Fragen nicht beantworte. Ärgerlich, aber auch aus datenschutzrechtlichen Gründen verständlich. Außerdem ist der Algorithmus das Produkt, das Spotify verkauft. Da wollen sie natürlich neugierige Augen außen vor lassen. Dennoch lässt sich auf Basis der vorliegenden Daten, die jede*r Podcaster zur Verfügung gestellt bekommt, ein guter Eindruck der Zielgruppe erlangen.

Hinzu kommen noch anekdotische Hinweise, die zum Beispiel über Rückmeldungen von Hörer*innen per E-Mail oder über die Social Media bei mir eingehen. Eine E-Mail, die mich von einer Hörerin erreichte, berührte mich besonders und trug viel zu dem Bild bei, das in meinem Kopf von meiner Community entstand. Die Hörerin bedankte sich für das Podcast-Angebot und berichtete davon, dass sie unter einem Burn-out litte und sich dennoch zur Arbeit quälte. Sie verbrachte die Mittagspause regelmäßig damit, dem *Traumbilder*-Podcast zu lauschen, um Kraft für den Rest des Tages zu tanken. Eine andere E-Mail erkundigte sich nach einer norwegischen Berghütte, die ich in einer Folge ausführlich beschreibe. Sie sei ein Fan Norwegens, wandere gerne und würde daher ebenso gerne wissen, wo die Hütte stehe, um ggf. beim nächsten Urlaub dort vorbeizuschauen, wenn es denn passe. Die Folge mit den meisten Downloadzahlen ist derzeit die über die Magie des Appalachian Trails, eines Wanderwegs, der die gesamte US-Ostküste entlang verläuft. Diese Einblicke sind nicht statistisch belastbar, aber sie runden mein Bild von meiner Hörer*innenschaft ab. Ich bekomme ein gewisses Gefühl für die Menschen zwischen den jeweiligen Kopfhörern. Die Wanderaffinität, die mir gespiegelt wurde, lässt mich vermuten, dass es eine Verbindung zwischen dem Wandersport und einer Vorliebe für entspannenden Audiocontent gibt. Vielleicht spielt aber auch die Naturkomponente mit hinein. Entsprechend gehen meine Pläne für weitere Folgen in die Richtung: mehr Natur, mehr wandern, mehr Wege beschreiben.

Die Rückmeldung der Burn-out-Patientin hat mich veranlasst, in alle Beschreibungen meines Podcast (Shownotes und Kanalbeschreibung) einen Hinweis auf die bundesweit erreichbare Hotline des Krisendiensts zu integrieren. Mir wurde durch die Rückmeldung bewusst, dass zumindest ein Teil meiner Hörer*innen mit psychischen Problemen zu kämpfen haben könnte. Das war mir bei der Konzeption meines Podcasts nicht bewusst gewesen. Ich dachte vielmehr, ich schaffte schlicht ein ungewöhnliches Wellnessangebot. Nun erfuhr ich, dass dieses Angebot auch von Menschen angenommen wird, die eigentlich weitaus mehr Hilfe benötigten, als es mein kleiner

Podcast leisten kann. Daher war mir klar: Du muss deinem Publikum eine spezielle Hilfe anbieten, nämlich den Hinweis auf die Notfalltelefonnummer und die Bitte, diese im Krisenfall anzurufen und sich ärztliche Hilfe zu holen.

Die oben genannten Beispiele sollen dir zeigen, wie du dich anhand der Statistiken in Kombination mit dem Feedback aus deiner Community in deine Hörer*innen hineinversetzen kannst. Vor meinem inneren Auge wird bei den nächsten Aufnahmesessions eine Frau im Alter von 23 bis 34 erscheinen, die Meditationen und naturnahe Aktivitäten nutzt, um sich gegen Alltagsbelastungen fit zu machen. Obendrein denke ich mich in diese Personen mit dem Blick auf die Corona-Belastungen hinein, denen sie sich ausgesetzt fühlen. Dieses innere Bild wird meine Sprache prägen, meine frei fließenden Gedanken in bestimmte Richtungen leiten und in mir noch mehr Sensibilität für die Bedürfnisse der Entspannungssuchenden freisetzen. Auch werden die Folgen der kommenden Staffel immer einen gesprochenen Disclaimer erhalten, der auf die Hilfsmöglichkeiten für Menschen mit psychischen Erkrankungen und Belastungen hinweist.

Kurzum: Mein Podcast wird sich aufgrund meines Blickes in die Zielgruppe verändern. Zwar nicht radikal anders werden, aber er wird sich den Bedürfnissen der Community weiter anpassen und somit besser werden.

Ein intensiver Gedankenprozess über deine Hörer*innenschaft lohnt sich also. In der Konzeptphase gehst du in der Regel von einem angenommenen Publikum aus. Sobald deine Community wächst und die ersten belastbaren Daten und Rückmeldungen dich erreichen, kannst du deine Annahmen abgleichen und dein Konzept Stück für Stück weiterentwickeln.

Zusammenfassung: Fünf Schritte der Konzeptentwicklung

1. Finde ein Thema, für das du wirklich brennst.
2. Entwickle deine unverwechselbare Podcaster-Stimme auf Basis deiner Verbindung zum Thema und zu deiner Community.
3. Denke dich in deine Hörer*innen hinein und schaffe ein Angebot, das ihren Bedürfnissen entspricht.
4. Verfolge die Statistiken und Rückmeldungen aus der Community.
5. Passe dein Konzept kontinuierlich an.

Praxisgespräch mit Deborah Ruggieri[10]

Mit Deborah an einem Projekt zu arbeiten, ist eine der aufregendsten Erlebnisse, die man als kreativer Mensch haben kann. Egal was wir beide zusammen anpacken, es entstehen immer sofort zwanzig neue Ideen für weitere Projekte.

In unserem gemeinsamen Podcast *#thefutureisunwrittennow* fragen wir unsere Gäste immer zu Beginn, wer sie sind und wenn ja, wie viele. Diese Frage haben wir uns vom Autor Richard David Precht ausgeliehen, um unsere Gesprächspartner*innen besser kennenzulernen. Deborah und ich haben uns diese Frage auch schon oft gegenseitig gestellt und die Antworten darauf sind jedes Mal neue. Auch wenn wir uns schon lange kennen, so überraschen wir uns immer wieder gegenseitig. Je nach Tagesform und aktuellem Alltagsleben ändern sich die Beschreibungen, wie man sich selbst sieht, teilweise stark. Mal treffen zwei Künstler*innen aufeinander. Mal zwei Kommunikationsberater*innen, mal Geschäftsleute und dann wieder Rock'n'Roll-Fans. Ganz oft ist es eine noch buntere

Mischung. Je nach dem, wie die Mischung ist, die sich trifft, entsteht durch den Kontrast eine Reibung und somit Energie – oder gegenseitige Verstärkung und somit doppelte Kreativpower. Wer uns beide bei einer Party beobachtet, findet es eventuell erst einmal ziemlich spannend, uns zu belauschen, aber nach wenigen Minuten ist es für die meisten Menschen unerträglich anstrengend. Das ist der Moment, an dem es für uns beide erst beginnt, interessant zu werden. Das kann bei einem Businessmeeting oder bei einem Feierabendwein in einer Covid-19-konformen Videoparty entstehen oder mitten bei einer Podcast-Aufnahme.

Deborah war die erste Podcasterin, die bei ASK.Berlin im Studio aufnahm. Als ich sie mit meiner Idee konfrontierte, dass sie als Coach und Aktivistin dringend einen Podcast bei uns »kaufen« sollte, war sie gleich Feuer und Flamme, stellte dann aber eine Bedingung: »Ich mach das nur, wenn du als Co-Host mit dabei bist.« Deborah kennt das Geheimnis guter Bands, denn sie sind immer besser als die Summe ihrer Musiker*innen. Die richtigen Leute in einem Raum addieren ihre Kompetenz und Energie – und dann entsteht etwas, was wohl am besten mit dem Wort »Bonusenergie« beschrieben werden kann. Das kleine, undefinierbare Extra, was sich nur entwickelt, wenn die richtigen Menschen zum richtigen Zeitpunkt am richtigen Projekt basteln.

Ich habe sie gebeten, für dieses Buch ein Praxisgespräch beizusteuern. Wir sprechen über die Bedeutung der Persönlichkeit für die Entwicklung von Projekten wie Podcasts, zudem denken wir uns gemeinsam in die Verbindung zwischen Menschenbild und Podcast-Sound hinein. Und wenn man genau hinhört, entdeckt man, dass wir beide schon wieder eine neue Idee ausbrüten.

Die Idee

»Die Grundidee hinter dem Podcast #thefutureisunwrittennow ist, dass ich täglich mit unterschiedlichsten Personen zu tun habe. Das sind alles Menschen, die eine Idee haben von der Welt und die sich engagieren, um etwas zu verändern. Ich finde es wichtig, solche Gespräche einem weiteren Kreis zugänglich zu machen.

Das sind nicht die Leute, die in Talkshows auftreten sollten, ich würde es mir wünschen, dass sie es täten. Das ist der Transfer zur Podcast-Idee.

Der Titel des Podcasts hat viel mit Gestaltungskraft zu tun; damit, sich nicht zufrieden zu geben, wie die Zustände sind. Es geht darum, visionär oder auch ganz pragmatisch in die Zukunft zu denken und an ihrer Gestaltung mitzuwirken. Das ist die Basis demokratischer Partizipation.

*Was ich wichtig finde, ist, die Freiheit und gleichzeitig ein Konzept zu haben. Es darf sich weiterentwickeln – auch mit und durch die Gäste. Es ist daher ganz wichtig, die richtigen Gäste zu haben. Gesprächspartner*innen, die wirklich was zu erzählen haben.«*

Die Gäste und wir

»Wir sind beide sehr locker in der Gesprächsform und in der Art und Weise, wie wir auf Menschen zugehen. Wir sind beide total neugierig.

Ich versuche, mich sehr genau vorzubereiten und dabei zwischen den Zeilen zu lesen. Ich versuche, zu entdecken, was sich hinter den offiziellen Informationen versteckt. Gibt es da etwas, was mich interessiert, was ich erfahren möchte?

Ich finde unsere Mischung sehr gut. Ich kenne unsere Gäste meistens schon vor der Aufnahme sehr genau. Du meistens noch nicht so. Aber wir beide interessieren uns für den ›Peak of Energy‹ unserer Gäste. Der Punkt, an dem sie aufblühen und ganz in die eigene Kraft gehen. Unsere gemeinsame Neugier ist der Match, der das Gespräch so spannend macht.

Uns interessieren die gleichen Sachen, auch wenn wir eine unterschiedliche Vorbereitung haben. Ich habe den Eindruck, das öffnet die Menschen, die zu uns ins Studio kommen, weil sie merken, dass wir uns wirklich für sie interessieren.«

Der Einstieg ins Gespräch

»Eine gute Guideline ist, mir zu überlegen, wie ich selbst begrüßt werden will. Ich mach das auch in meinen Seminaren so. Ich freue mich wirklich über jede Person, auf die ich treffe. Das ist auch echt, nicht gespielt. Ich versuche die Person in ihrer Person zu erfassen. Da scheinen auch meine italienischen Wurzeln durch. Mein Papa war ein ›Popstar-Gastronom‹. Ich fand es schon als Kind faszinierend, wie er die Gäste begrüßte. Das war, als ob Pavarotti die Bühne betrat. Die warmherzige Freude war wirklich echt.

Es geht darum, die Freude zu zeigen, dass die Menschen sich Zeit genommen haben für ein Gespräch. Das ist sehr wertvoll. Bei uns beiden ist da keine Show dabei. Das ist ›pur‹. Das Interesse und die Freude an unseren Gästen sind echt.«

Das exklusive »Podcast-Führerschein Praxisgespräch« kannst du hören, wenn du auf meine Webseite www.denniseighteen.de gehst, oder mit deinem Smartphone den folgenden QR-Code abscannst.

TEIL 2: ERFOLG

In diesem Kapitel widmen wir uns der Frage nach dem Erfolg. Wie definierst du ihn? Wann bist du zufrieden mit den Früchten deiner Arbeit? Machen wir uns nämlich nichts vor! Podcasten ist keine kleine Aufgabe. Was willst du am Ende rausbekommen für deine investierte Zeit, Taschengeld und Kreativität? Wir erarbeiten uns gemeinsam eine klare Zielstellung für deinen Podcast und lernen Wege kennen, diese zu erreichen.

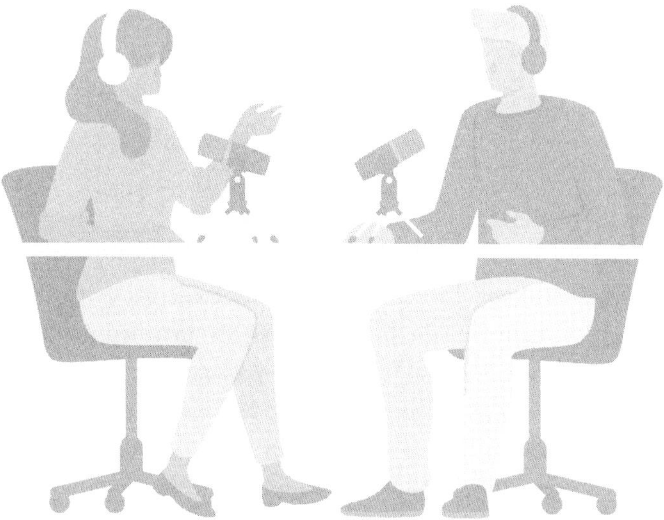

WAS IST ERFOLG?

Wer sich an die Arbeit macht und einen Podcast ins Leben ruft, hat den Wunsch, erfolgreich zu sein. Die zentrale Frage ist, wie du deinen Erfolg definierst. Diese relativ einfach klingende Frage ist auf den zweiten Blick komplexer als zunächst gedacht und von zentraler Bedeutung für dein Projekt. Wann immer ich Kund*innen bei der Entwicklung ihrer Konzepte begleite, stelle ich relativ früh die Frage: »Wann sind Sie mit Ihrem Podcast zufrieden?« Oft ergänze ich die Frage mit einem Gedankenspiel. Die Übungsaufgabe lautet: »*Stellen Sie sich vor, Ihr Podcast läuft ein Jahr lang. Am Ende des Jahres schauen Sie sich an, wie viel Energie und Kapital in das Projekt geflossen sind. Wie messen Sie, ob sich Ihr Investment gelohnt hat? Was sind die Faktoren, die Sie anschauen werden, um einzuschätzen, ob Sie weitermachen wollen?*«

Stelle dir selbst diese Frage und halte sie schriftlich fest. Die Ergebnissicherung ist wichtig, weil du dann in zwölf Monaten genau schauen kannst, mit welcher Erwartungshaltung du ins Projekt gestartet bist. Oft verschieben sich die Ansprüche im Laufe des Projekts. Wenn es gut läuft, ist es dein Ehrgeiz, der sich meldet und die Ziellinie des Erfolgs immer weiter verschiebt. Wenn es schleppend vorangeht, kann es der Frust sein, der dich entmutigt sagen lässt: »Das ist dann eben auch gut genug.« Wenn du deine Erfolgsdefinition aber nach einem Jahr aus der Tasche ziehst und mit dem Ergebnis deiner Arbeit abgleichst, bekommst du die ehrlichste Einschätzung, ob du erfolgreich warst oder nicht.

Ich bitte dich also um Folgendes: Nimm dir einen kleinen Zettel und schreibe in zwei oder drei Sätzen auf, was dein Podcast dir persönlich nach zwölf Monaten bescheren soll. Nenne auch die Faktoren, an denen du dieses Zielerreichen festmachen würdest.

Bemühe dich hierbei um eine möglichst präzise Formulierung. Vermeide Missverständliches und »Hintertürchen«. Diesen Zettel steckst du in einen Umschlag, klebst ihn zu, schreibst das Datum drauf, an dem du nach Ablauf der zwölf Monate ihn wieder öffnen möchtest, und hängst ihn dir dann an den Kühlschrank. Zum vorgegebenen Zeitpunkt öffnest du den Umschlag und bewertest die Früchte deiner Arbeit auf Basis des von dir selbst definierten Ziels.

Wichtig ist dabei, dass du ehrlich zu dir selbst bist und wirklich deine eigenen Erfolgskriterien aufschreibst. Orientiere dich an dem Bild, das in deinem Kopf entsteht, wenn du dir vorstellst, wie du auf ein Jahr zurückschaust und sagen kannst: »Super! Das hat sich gelohnt.«

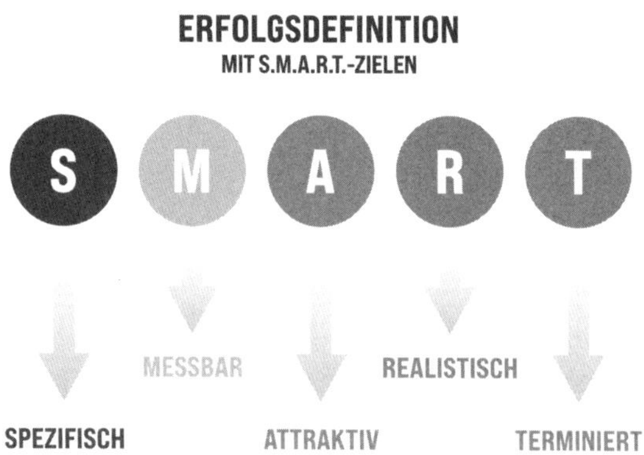

S.M.A.R.T.-Ziele

Für die Formulierungen auf deinem Zettel gibt es eine gute Hilfestellung, die aus dem Projektmanagement stammt: die sogenannte S.M.A.R.T.-Formel (»spezifisch«, »messbar«, »attraktiv«, »realistisch«, »terminiert«). Sie hilft dir dabei, deine Ziele präzise festzuhalten und somit in der Evaluierungsphase gut bewerten zu können. Du wendest sie wie folgt an: Du versuchst, dein Ziel für dein Projekt zu beschreiben. Schreibe es auf, so wie es dir in den Sinn kommt. Dann legst du die S.M.A.R.T.-Ziele daneben und betrachtest deinen Zielentwurf anhand der Kriterien.

Die S.M.A.R.T.en Fragen:

S: Ist mein Ziel wirklich exakt beschrieben?
M: Ist das Erreichen des Ziels messbar und wenn ja, anhand welcher Maßeinheit (etwa Menge, Größe, Anzahl etc.) und/oder welcher Messmethode (etwa quantitativ durch Berechnung und Messungen oder qualitativ durch Umfragen etc.)?
A: Ist dein Ziel für dich attraktiv? (Strebst du es wirklich gerne an? Strebst du es aus eigenem Antrieb an?)
R: Kannst du dein Ziel überhaupt erreichen? Ist es realistisch, dass deine Ressourcen (Zeit, Finanzen, Fähigkeiten, technische Ausstattung, persönliches Netzwerk, Rückhalt in der Familie und Freundeskreis etc.) ausreichen, um jubelnd die Ziellinie zu überqueren?
T: Hast du dich auf einen genauen Moment festgelegt, an dem du innehältst und deinen Erfolg bewertest?

Dieses Vorgehen mag an dieser Stelle etwas starr und künstlich wirken. Es hilft dir dennoch dabei, Visionen und Idee von wirklichen Zielen (= definierten Erfolgen) zu unterscheiden. Das ist hilfreich, denn Visionen leben zum Beispiel davon, dass man nach ihnen strebt, sie aber nie erreichen wird. Sie geben deinem Vorhaben eine Richtung und motivieren dich. **Visionen sind in der Welt der Träume und deiner Werte zu Hause.** Sie weisen dir den Weg über den erkennbaren Horizont hinaus, sie treiben dich an und halten dich auf Kurs. Tue sie nicht einfach ab, nur weil das schlechteste Helmut-Schmidt-Zitat aller Zeiten in deinem Kopf aufpoppt, wenn du über Visionen nachdenkst. Nein, du musst keineswegs zum Arzt, wenn du Visionen hast. Im Gegenteil! Der, der keine Träume und Visionen (mehr) hat, sollte sich dringend Unterstützung holen.

Ideen haben auf der anderen Seite die Funktion, dich zum Aufbruch auf einen neuen kreativen Pfad zu motivieren. Sie lassen dich loslegen. Sie begeistern dich und geben dir zu Beginn und im Verlauf deines Weges Energie. **Ideen werden aus Kreativität geboren!**

Visionen und Ideen sind in deiner Seele beheimatet. Ziele hingegen haben ihr Klingelschild an die Tür deiner Ratio geschraubt. Ziele sind vernunftbasierte Konstrukte und bieten dir eindeutige Wegmarken, die du erreichen kannst. Dein Projektweg wird von einer Reihe dieser Meilensteine unterteilt. Jeder dieser Fixpunkte ist vorher präzise festgelegt. Beim Erreichen eines jeden Meilensteins verweilst du und prüfst, ob alles so ist, wie du es beim Aufbruch auf deine Reise festgelegt hast:

- Bist du wirklich da, wo du hinwolltest (S)?
- Bist du so weit gekommen, wie geplant (M)?
- Jetzt, da du hier bist – wolltest du wirklich hierher (A)?
- War diese Wegmarke wirklich realistisch erreichbar (R)?
- Bist du pünktlich angekommen (T)?

Die Produktion eines Podcasts ist ein Projekt – und jedes Projekt ist eine Reise. Jede Reise hat einen Aufbruch, einen Weg und einen Endpunkt. Jeder Aufbruch hat einen Grund (Vision) und ein initiales Moment (Idee). Jeder Weg ist gesäumt von Meilensteinen (Zwischenzielen). Und jeder Endpunkt einer Reise ist präzise beschreibbar (Ziel).

Jede*r Podcaster definiert seine Ziele unterschiedlich, wird von individuellen Visionen geleitet und von immer neuen Ideen angetrieben. Hier ein Beispiel, das den beschriebenen theoretischen Exkurs verdeutlichen kann: Mein Podcast *Traumbilder* begann mit einer Vision. Ich wollte »Menschen bei der Entspannung helfen.« Das ist kein Ziel, denn ich habe keine Möglichkeit, anhand dieser Worte zu erkennen, ob ich mein Vorhaben erreicht habe. Die Einheit »Menschen« ist hinlänglich unpräzise. Es ist nicht definiert, »welche« Menschen ich meine. Da ich kein personengenaues Targeting mit meinem Podcast hinbekommen kann, wäre eine Möglichkeit, mich der Formulierung eines S.M.A.R.T.-Ziels anzunähern, eine Eingrenzung vorzunehmen. Ich kann also den Begriff »Mensch« durch eine möglichst genaue Beschreibung einer »Zielgruppe« ersetzen, wie etwa: »Menschen, die das Bedürfnis nach Entspannung haben, zugänglich für Entspannungstechniken sind, Podcasts hören, der deutschen Sprache mächtig sind, sich auf sprachliche Beschreibungen von Bildern einlassen mögen, meine Stimme angenehm finden …«.

Du siehst: Das ist keine harte Wissenschaft, aber dennoch ist eine Annäherung manchmal die einzige Möglichkeit. Die Zielgruppe nach Eigenschaften zu beschreiben, ist ein guter Start und hilft uns dabei, hinter den Punkt »S« einen Haken zu setzen. Was aber versteckt sich hinter dem »M«? Wie messe ich mein Ziel? Meine Vision hilft mir da nicht weiter und ich muss mir für die Formulierung eines Ziels genauere Gedanken machen. Ich kann mir zum Beispiel ein Ziel bei der Anzahl der Downloads setzen. Oder ich kann mich dafür entscheiden, dass ich das Erreichen meines Ziels daran ablesen kann, wie viele E-Mails ich von Hörer*innen bekomme. Auch andere Messgrößen sind denkbar. Habe ich zum Beispiel vor, zu einem späteren Zeitpunkt Werbung für bestimmte Produkte und Dienstleistungen in meinen Podcast zu integrieren, könnte ich mich aufmachen, eine Community zu bauen, die zum Konsument*innenprofil dieser Produkte passt. Da kommen Messgrößen wie Alter, Geschlecht etc. ins Spiel. Gleiche ich die Marktforschung bestimmter werbetreibender Unternehmen mit der Zusammensetzung meiner Hörer*innenschaft ab, kann ich »messen«, ob ich eine gute Abdeckung dieser beiden Gruppen erreicht habe.

Die Frage nach dem »A« in Bezug auf meinen *Traumbilder*-Podcast ist vielschichtig. Die Antwort speist sich aus mehreren Gedanken. Für mich ist es attraktiv, andere zu unterstützen und zu meinem Wertekanon gehören nicht zufällig Begriffe wie »Solidarität«, »Nächstenliebe«, »Zusammenhalt« und »Dienen«. Wenn ich also, wie eingangs beschrieben, Menschen (beim Entspannen) helfen kann, dann ist das für mich erstrebenswert (= attraktiv). Ist mein Vorhaben »realistisch«? Entspannen sich wirklich Menschen, weil sie meinen Podcast hören? Ja, das ist so. Ich wusste zu Beginn des Projekts, dass ich das Handwerkszeug diverser Entspannungstechniken beherrsche. Schließlich habe ich eine Ausbildung zum Kursleiter für Progressive Muskelrelaxation (PMR) absolviert, habe beim Gesangsunterricht die entspannenden Wirkungen vieler Atemtechniken kennengelernt und hatte bereits auf meinen *Dennis-Eighteen*-Podcast einzelne Rückmeldungen erhalten, die mir davon berichteten, dass sie beim Lauschen meines Podcasts zur Ruhe kämen und den Alltag hinter sich lassen könnten. Und es gibt noch viele andere Audioprodukte, die ruhesuchende Menschen zur Entspannung nutzen. Ich musste also nicht den Beweis erbringen, dass die Idee eines Entspannungs-Podcasts realistisch erfolgreich sein kann.

Der Punkt »T« blieb bei der Formulierung meiner Vision außen vor. Ich hatte schlicht keine Ahnung, wie viele Menschen den Weg zu meinem Podcast-Angebot finden würden und zu welchem Zeitpunkt ich mit welcher Community-Größe rechnen konnte. Ich ließ den Punkt aus Sorge vor Enttäuschung offen. Jetzt, da ich mit einem gewissen Abstand die Statistiken beobachte, habe ich damit begonnen, mir selbst im Abstand von drei Monaten messbare, attraktive und realistische Zielgrößen zu definieren und versuche, sie durch diverse Maßnahmen zu erreichen. Wann immer ein terminierter

Evaluierungsmoment gekommen ist, schaue ich mir genau an, ob ich mein Ziel erreicht habe. Die Kriterien sind dabei unterschiedlich und die Downloadzahl ist nur eine der Kenngrößen. Eine andere ist, einen Sponsor zu bekommen. Ein anderes Kriterium ist, die Anzahl der persönlichen Kontakte zu meinen Hörer*innen zu erhöhen. Die Liste ist lang. Und je mehr ich mich mit dem Thema S.M.A.R.T.-Ziele für meinen Podcast beschäftige, desto präziser werden meine Erfolgsdefinitionen.

ERFOLGSKATEGORIEN

Jeder definiert seinen Erfolg unterschiedlich. Im Grunde lassen sich die Zielsetzungen der meisten Menschen, die sich einem öffentlich wahrnehmbaren Projekt widmen, in vier Gruppen unterteilen. Diejenigen, deren Erfolg sich auf der Basis von

1. Anerkennung/Status,
2. monetären Beweggründen,
3. kreativer/intellektueller Erfüllung oder
4. der Herbeiführung von Veränderung

ableitet. Was bedeuten diese Kategorien im Detail? Gehen wir sie gemeinsam durch. Versuche, in dich hineinzuhorchen und einzuschätzen, wie deine persönliche Zielsetzung aussieht.

Anerkennung/Status

Wer sich zu Wort meldet, möchte gehört werden. Wer gehört wird, will nicht für blöd befunden werden. Im Gegenteil! Wenn du deinen Podcast veröffentlichst, werden Menschen dir zuhören und sich ein Bild von dir machen. Sie werden dir Attribute zuschreiben und dich in eine Schublade stecken. Ist es dir wichtig, was auf dieser Schublade steht?

Möchtest du, dass dort positive Punkte notiert werden? Ist es wichtig für dich, ob da zum Beispiel steht, dass du Expert*in für dein Thema bist? Willst du als sympathisch wahrgenommen werden?

Viele dieser Zuschreibungen finden ausschließlich unterbewusst in den Köpfen der Hörer*innen statt. Du wirst oft nicht erfahren, was du für einen Eindruck machst. Zuerst zumindest! Aber über kurz oder lang werden dich E-Mails und Privatnachrichten erreichen, zudem wirst du auf Social-Media- und Podcast-Plattformen Kommentare und Bewertungen erhalten. Über dich wird öffentlich gesprochen und diskutiert werden. Du wirst als Podcast-Host zu einer öffentlichen Person. Die Größe der Öffentlichkeit hängt davon ab, wie viele Menschen du mit deinem Angebot erreichst. Ob zehn oder zehntausend Hörer*innen: Du bist nicht mehr alleine hinter deinem Mikrofon, denn du bist ab dem Moment in der Öffentlichkeit, in dem du auf »veröffentlichen« klickst!

Öffentliche Wahrnehmung kann man nicht vermeiden, wenn man sich zeigt. Aber die Frage, die sich an dieser Stelle stellt ist, wie sehr du danach strebst, wahrgenommen zu werden und wie wichtig es dir ist, wie die öffentliche Meinung über dich lautet. Übersetzt heißt das: Willst du Applaus und hoffst du, dass dein Podcast dir eine bestimmte Statuszuschreibung einbringt?

Hier geht es ehrlicherweise schon um die Frage des Egos – aber nicht nur. Klar, jede*r findet Zuspruch gut. Aber die Frage, die sich stellt, wenn wir über Erfolg nachdenken, ist, warum du diesen Zuspruch suchst. Bist du einsam und suchst den Kontakt zu Gleichgesinnten und möchtest deinen Platz innerhalb einer Community einnehmen oder kandidierst du für ein Amt und möchtest dein öffentliches Image gestalten? Vielleicht gründest du gerade ein Unternehmen und möchtest in einem bestimmten Thema als kluger Kopf wahrgenommen werden? All diese Gedanken sind nicht nur für diejenigen wichtig, die auf einer großen Bühne stehen. Auch für die kleine Liga ist es wichtig, in sich hineinzuhorchen, um zu sehen, ob der

Erfolg des eigenen Podcasts an einer höheren Anerkennung und einer Erhöhung des eigenen Status abgeleitet werden kann.

Monetäre Beweggründe

Wenn man YouTuber, Instagramer oder Podcaster fragt, was sie mit ihrem digitalen Content erreichen wollen, hört man vieles laut, aber eines oft nur leise. Fast verschämt antworten sie dann: »Ich will damit Geld verdienen. Aber schreib das bitte nicht ins Buch.« Warum eigentlich nicht? Wieso ist es so ungewöhnlich oder gar verwerflich, dass du für deine Arbeit entlohnt werden willst? Es kommt ja auch keiner auf die Idee, einer Handwerkerin die Frage zu stellen, warum sie Geld für die Reparatur eines Geschirrspülers verlange. Podcasten ist aufwendig. Andere bekommen dank deiner Mühe einen Mehrwert. Natürlich ist es legitim, dafür etwas im Gegenzug haben zu wollen. Und wenn es in deinem Fall Geld ist, was du gerne für deinen Einsatz bekommen willst, ist das in Ordnung. Ob du es haben möchtest, um dein neues Mikrofon und die Hosting-Gebühren zu bezahlen oder ob du Spenden für eine gute Sache generieren willst, ist dabei völlig deine Sache. Vielleicht träumst du auch von einem (Neben-)Gehalt, das dieser Content generiert. Wichtig ist, dass du mit dir selbst im Reinen bist, deine Arbeitsweise entsprechend anpasst und für dich definierst, wie du persönlich die Messlatte deines monetären Erfolgs anlegst.

Kreative/Intellektuelle Erfüllung

Als ich mit dem Podcasten begann, hatte ich einfach Lust, »das mal auszuprobieren«. Mir ging es darum, ein weiteres Medium zu erforschen und mich kreativ zu betätigen. Mit dem gleichen Mindset bin ich am 22. Februar 2014 in die YouTube-Welt eingestiegen: einfach machen, ausprobieren, über Sachen reden, die mir Freude machen, und Spaß haben. Wie so oft hat sich mein »l'art pour l'art«-Ansatz ein wenig verselbstständigt. Aber ich verstehe Menschen sehr gut, die einfach einem kreativen Impuls folgend Projekte starten, weil sie Lust aufs Machen haben. Der kreative Prozess kann eine große Befriedigung bieten. Zu merken, wie man etwas Neues schafft. Wie aus Ideen, Arbeit und ein bisschen Zauberei Sachen entstehen, ist wundervoll. Die Welt des User-Generated Content ist voll von beeindruckenden Macher*innen, deren Erfolgsdefinition lautet: »Wenn es mir Spaß macht und ich mich kreativ ausdrücken beziehungsweise intellektuell weiterentwickeln kann, bin ich zufrieden.«

Herbeiführung einer Veränderung

Dieses Erfolgskriterium klingt groß. Es hat den Klang von »Welt retten.« Warum nicht? Vielleicht beginnt ja die nächste große Revolution mit deinem Podcast? Schließlich waren es auch ein paar digitale Nerds, die in einem Studierendenwohnheim die Facebook-Idee ausbrüteten.

Die Welt kann man aber auch auf einer etwas bescheideneren Skala verändern. Vielleicht bringst du in deinem Podcast Menschen zusammen, die miteinander kontrovers diskutieren. Das Ringen um die besseren Argumente führt dann im besten Fall bei deinen Hörer*innen zu neuen Erkenntnissen und vielleicht sogar zu Verhaltensänderungen. Das ist nicht abwegig! Wie viele Vegetarier*innen oder Veganer*innen haben dem Fleischkonsum abgeschworen, nachdem sie von einer anderen Person überzeugt und informiert wurden, oder nachdem sie Jonathan Safran Foers *Tiere essen* gelesen hatten? Genau diese Rolle des Erklärens und Überzeugens kannst du als Podcaster hervorragend einnehmen. Wenn dein Erfolgsziel ist, eine für dich signifikante Anzahl von Menschen zu einer Erkenntnis und zu neuem Verhalten anzuregen, dann sind Podcasts ein gutes Medium, um diesen Erfolg zu erreichen.

»Ich will, dass Menschen von meinen Erfahrungen und meinem Wissen profitieren, damit sie nicht das erleben müssen, was ich erlebt habe.«

Kai Flockenhaus, *Ich und mein Crohn*

Kategorie: 4

»Inspiration verbreiten, sich aktiv für die Gestaltung der Zukunft einzusetzen.«

Deborah Ruggieri, *#thefutureisunwrittennow*

Kategorie: 4

»Am Ende will ich damit Geld verdienen.
Die Alexander Nebe Show, die ich produziere, hat ein klar kommerzielles Ziel und soll der Self-improvement-celebrity-Podcast in Deutschland werden, mit Führung in den Charts und Relevanz im Markt.«

Hauke Wagner, Produzent des Podcasts *Die Alexander Nebe Show*

Kategorie: 2

Sicher gibt es die unterschiedlichsten Antworten, wenn man Podcaster fragt, warum sie sich ans Mikrofon setzen. Doch schaut man mit etwas Abstand darauf, so wollen Podcaster in der Regel entweder eine öffentlich herausgehobene Rolle, Geld verdienen, sich auf ihrem Interessengebiet austoben oder etwas bewegen. Zu welcher dieser Gruppen zählst du?

Alle die oben genannten Beweggründe sind absolut legitim. Es lohnt sich, bereits zu Beginn eines Podcast-Projekts darüber nachzudenken, was den eigenen Erfolg definiert und welche Motivation hinter der eigenen Erfolgsdefinition steckt. Je genauer du diese Frage für dich beantworten kannst, desto leichter fällt es dir, dein Ziel unbeirrt zu verfolgen. Besonders interessant ist auch, diesen Blick auf sich selbst in regelmäßigen Abständen zu wiederholen. Oft genug verändern sich Ziele im Laufe des Prozesses. Der*die eine startet den Podcast als rein kreatives Abenteuer und merkt auf der Strecke, dass dieser sich ein Publikum erarbeitet hat, das auch für werbetreibende Unternehmen interessant sein kann und beginnt, Interesse an der Monetarisierung des Podcasts zu gewinnen.

Manchmal stellst du dann vielleicht auch fest, dass du mehr als ein Ziel hast. Dann kannst du analysieren, ob sich deine Ziele gegenseitig verstärken oder blockieren.

> *»Motivation potenzieller Kunden (sog. Pull-Effekt), gemeinsam mit mir die Wettbewerbsfähigkeit in disruptiven Zeiten sicherzustellen.«*
>
> Marcus Disselkamp, *Hast du schon daran gedacht?*
>
> **Kategorien: 2 und 4**

Der *Dennis-Eighteen-Podcast* entstand als Projekt der Kategorie 3. Ich verfolgte anfangs lediglich das Ziel, mich in diesem neuen Medium auszuprobieren und brachte das Thema meines YouTube-Kanals, nämlich die analoge Fotografie, mit. Das sich aus meiner Podcast-Erfahrung dann ein Teil meines Berufslebens herausentwickeln würde, war ungeplant. Inzwischen gehört es zu meinen beruflichen Aufgaben, Podcasts für zahlende Kund*innen zu entwickeln und zu produzieren. Meine eigenen Podcasts sind dabei Referenzprojekte, die bei der Akquise helfen, denn die umfangreiche Praxiserfahrung ist dabei das wohl größte Werbeargument. Indirekt verdiene ich also dank meines Podcasts einen Teil meines Gehalts. Damit ist eine Verschiebung in die Kategorie 2 nicht abzustreiten. Dennoch würde ich meinen Podcast einstellen, wäre dadurch die ursprüngliche Motivation abhandengekommen. In meinem Fall verstärken sich jedoch beide Kategorien.

»Der Podcast soll eine starke Visitenkarte für mich und meine Agentur sein. Ich möchte eine relevante Reichweite bekommen und meiner Zielgruppe ein besonders hochwertiges Angebot bieten. Besonders wichtig ist mir, so eine langfristige Beziehung zur Zielgruppe aufzubauen.«

Leif Neugebohrn, *überzeugungsarbeit.de*

Kategorien: 1 und 2

Vertrauen und Engagement-Tiefe

Unabhängig davon, in welche der oben genannten Kategorien dein Podcast-Projekt fällt, gibt es zwei Faktoren, die über allem stehen: Vertrauen und Engagement-Tiefe! Letzteres beschreibt dabei, wie sehr sich deine Hörer*innen auf dich einlassen. Die Kombination aus beiden Elementen bestimmt, wie stark deine Bindung zu deinem Publikum ist. Nur wenn Vertrauen und Engagement-Tiefe ausreichend vorhanden sind, kannst du deine Ziele erreichen. Kurzum: Ohne dieses starke Band werden sich weder deine kreativen noch kommerziellen Beweggründe erreichen lassen. Auch deine öffentliche Rolle und deine Möglichkeit, Veränderungen herbeizuführen, hängen stark davon ab, wie sehr dein Publikum dir vertraut und ob es bereit ist, sich langfristig treu auf deinen Content einzulassen.

Im Internet gilt normalerweise die Währung »Reichweite« und die Anzahl der Klicks definiert den Erfolg. Natürlich wünschen sich auch Podcaster viele Hörer*innen, denn auch sie hoffen auf eine möglichst große Verbreitung. Allerdings hat Langform-Audiocontent eine weitere Besonderheit, die weder Instagram-Stories noch Tweets oder Facebook-Posts haben: Sie können sich ausführlich mit einem Thema beschäftigen und erschließen Ebenen, die Micro-Content (egal wie reichweitenstark) nicht darstellen kann. Der Faktor Zeit ist hier nicht nebensächlich, sondern zentral. Welches andere Internetformat fesselt das Publikum teilweise über mehrere Stunden hinweg? Selbst YouTube-Videos schaffen das nicht. Aber woran liegt das?

Podcasts dringen in Lebensbereiche vor, die in der Regel nicht für den Medienkonsum geeignet scheinen. Beim Joggen, bei der Hausarbeit, auf langen Autofahrten, beim Einschlafen – Podcasts sind dabei. Optische Medien (Videos, Fotos etc.) können im Normalfall in diesen Situationen nicht konsumiert werden. Es gibt also wenig Konkurrenz um die Aufmerksamkeit. Diese speziellen Lebenssituationen zeichnet aus, dass sie relativ lange Zeitstrecken einnehmen. Die Hörer*innen schenken den Podcastern ein großes Stück des Kuchens, der den Tag ausmacht. Die Länge des Hörens in Verbindung mit der Intimität, die dadurch entsteht, dass die Podcast-Stimmen direkt aus dem Kopfhörer in die Ohren dringen, schafft eine große Nähe zwischen Podcastern und Konsument*innen. Die Stimmen kommen nicht aus Tabletlautsprechern und die Sprecher*innen sind nicht hinter einem Display. Sie erklingen stattdessen direkt im Kopf – ohne weitere Sinne zu vereinnahmen. Diese physische Nähe und die lange Zeit führen zu einer besonderen Bindung und einem Vertrauen. Podcasts werden so zu Alltagsbegleitern, Ratgebern, gar Freunden. Wem erlauben wir sonst, uns stundenlang etwas ins Ohr zu flüstern? Diese Verbindung beschreibt der Begriff der Engagement-Tiefe. Der Lieblings-Podcast ist nicht nur unterhaltsam oder informativ – er ist wichtig und Teil des Alltags.

Diese Tatsache macht das Podcasten zu so einer schönen Erfahrung. Wer bereits E-Mails von Hörern*innen bekommen hat, die ehrlich, offen und zugewandt aus dem privaten Alltag berichten, der weiß, dass Podcasts etwas Besonderes sind. Ich habe bereits davon berichtet, wie bewegend es war, als eine Hörerin meines *Traumbilder*-Podcasts mir schrieb, dass sie mitten im Burn-out stecke und mein Podcast ihr bei der Alltagsbewältigung helfe. So eine Erfahrung habe ich in gut vier Jahren als YouTuber kein einziges Mal machen dürfen. Diesem Vertrauen gerecht zu werden, ist daher oberste Podcaster-

Pflicht! Podcaster, die sich dieser Verpflichtung bewusst sind, können mit ihren Projekten erfolgreich sein. Unabhängig davon, wie der Erfolg definiert ist.

ERFOLGSSTRATEGIEN

Podcasts sind Kommunikationsmedien und somit unterliegt ihr Erfolg den Grundregeln der menschlichen Kommunikation.

Dabei kommt es auf vier Punkte an:

- Wertschätzung
- Verständlichkeit
- Transparenz
- Verlässlichkeit

Erfolgreiche Kommunikation gelingt, wenn man sich aufeinander einlässt, einander mit Wertschätzung und Vertrauen begegnet, alle Seiten einander inhaltlich folgen können und unterschwellige Beweggründe transparent erkennbar sind. Hinzu kommt ein besonderes Maß an Verlässlichkeit. Sind diese Kriterien erfüllt, entsteht eine tiefe Verbindung zwischen den Sender*innen und Empfänger*innen – die Kommunikation gelingt. Das gilt für das Offline-Leben genauso wie beim Podcasten.

ACHT PUNKTE, DIE DEINEN PODCAST ERFOLGREICH MACHEN

1. Suche dir ein Thema, für das du brennst

Du hast vor, regelmäßig eine Folge für deinen Podcast aufzunehmen und zu produzieren? Disclaimer: Damit halst du dir ordentlich Arbeit auf. Suche dir daher ein Thema, das dir so viel Freude macht, um die Arbeit daran auszugleichen, und über das du wirklich regelmäßig Content produzieren möchtest.

Stelle dir ehrlich die Frage, ob du etwas Besonderes zu deinem Thema beisteuern kannst. Was ist deine persönliche Haltung zu dem Thema? Hast du einen anderen Blick als andere? Hast du mehr Wissen oder mehr Leidenschaft als andere? Welche Teile deiner Persönlichkeit helfen dir dabei, deinen Podcast so zu gestalten, dass dein Publikum sich dauerhaft auf deinen Podcast einlassen möchte? Stell dir vor, du bist bei Folge 20 deines Podcasts angekommen. Hast du immer noch neue Ideen für spannende Folgen? Macht es dir weiterhin Spaß?

2. Biete für deine Hörer*innen relevante Inhalte

Denke dich in dein Publikum hinein. Was suchen sie für Inhalte? Was gibt ihnen welchen Mehrwert? Wenn du deine Inhalte zielgruppengerecht auswählst und gestaltest, entwickelt dein Podcast magnetische Kraft, zieht Hörer*innen an und bindet sie dauerhaft.

3. Sei unverwechselbar und einladend

Dein Podcast soll einen Wiedererkennungswert haben und langfristig Menschen an dich binden. Das geht am besten mit einer ausgearbeiteten Audioidentität – von deiner Host-Persönlichkeit über das Konzept zur Musik. Alles muss zusammenpassen. Deine Hörer*innen müssen »wissen«, wie es sich anfühlt, mit deinem Podcast im Ohr Zeit zu verbringen. Und sie müssen mit dir Zeit verbringen wollen.

4. Pflege deine Community

Hör auf das Feedback aus deiner Hörer*innenschaft. Nimm deine Community als Kommunikationspartner*innen wahr und nicht als reines Publikum. Sprich sie so an, wie sie sich in deiner Vorstellung und auf der Basis der vorliegenden Statistiken darstellen. Finde die richtige Sprache, die zeigt, dass du dir Gedanken über deine Hörer*innen machst.

Schaffe Kommunikationskanäle und Anlässe, mit dir in den direkten Kontakt zu treten. Erreichbarkeit über E-Mails und Direct Messages über Social Media sind dabei das nötige Minimum. Weitere Möglichkeiten sind zum Beispiel Facebook-Gruppen oder regelmäßig stattfindende Videokonferenzen mit Mitgliedern deiner Community. Wenn die Corona-Zeit (hoffentlich bald) hinter uns liegt und echte Treffen wieder möglich sind, lohnt sich auch der Gedanke, ob du eine Folge vor Livepublikum aufnehmen könntest, um ein echtes Gemeinschaftsgefühl zu erzeugen.

5. Sei verlässlich und zeige Commitment

Wenn dein Podcast erfolgreich sein soll, ist es wichtig, dass sich die Hörer*innen darauf einstellen können, dass es regelmäßig neue Folgen gibt. Zu viele Kanäle verwaisen bereits jetzt schon und wochenlang erscheinen keine neuen Folgen. Die Hörer*innen wissen nicht, ob der Podcaster das Projekt aufgegeben oder nur eine Pause eingelegt hat. Es ist daher ratsam, sich einen wirklich realistischen Produktionsrhythmus zu überlegen. Schaffst du es wöchentlich, neuen Content zu veröffentlichen? Sind alle zwei Wochen ein gutes Intervall oder lieber monatlich? Wie passt das Projekt in deinen bereits vollen Alltag? Kannst du regelmäßigen Content garantieren? Gut ist natürlich eine enge Taktung. Aber wenn du nur eine Folge im Monat schaffst, ist das auch okay! Dann solltest du den Rhythmus aber auch einhalten. Gelingt dir das ausnahmsweise nicht, ist eine kurze Folge (ein bis zwei Minuten) ratsam, in der du die entstandene Pause erklärst. Ein Publikum verzeiht den Lieblings-Podcastern so manches, will aber dennoch ordentlich behandelt werden. Höflichkeit und Dankbarkeit für das Commitment der Hörer*innen ist dabei entscheidend. Die Konsument*innen des Podcasts wollen spüren, dass sie wertgeschätzt werden und dass die Hosts sich dem Projekt wirklich verschrieben haben.

6. Sieh deinen Podcast als Teil einer Dorfgemeinschaft

Schaffe dir ein Netzwerk aus Unterstützer*innen, Kreativpartner*innen, Ratgeber*innen und Freund*innen. Mit ihnen an deiner Seite überwindest du Durststrecken, kreative Tiefs und Momente voller Ratlosigkeit. Diese Helfer*innen an deiner Seite kannst du »unsichtbar« nutzen oder sie einladen, aktive Akteure innerhalb deiner Community zu sein. So eine Podcast-Nachbarschaft kann die Qualität und den Charakter deines Kanals merklich steigern.

Ich habe mir zum Beispiel über die Jahre eine Art Kreativfamilie geschaffen, die immer wieder Teil meiner Projekte ist. Einige dieser Familienmitglieder kommen auch in diesem Buch zu Wort. Andere besuchen mich regelmäßig in meinem Podcast oder ich bin Teil ihrer Projektteams. Nachbarschaftshilfe ist einer der wichtigsten Schlüssel zum Erfolg – nicht nur, aber vor allem bei kreativen Projekten wie Podcasts.

7. Entwickle und verfolge eine konsequente und kreative Werbestrategie

Definiere für dich, wie deine Zielgruppe aussieht, und versuche, sie konsequent auf deinen Podcast aufmerksam zu machen. Finde die passenden Kommunikationskanäle und Botschaften, um deine potenziellen Hörer*innen zu erreichen. Je nachdem, ob du dich darum bemühst, in einer kleineren, präzise definierten Community wahrgenommen zu werden, oder ob du dich um eine möglichst große Reichweite bemühst. Es ist immer der Dreiklang aus Botschaft, Kanal und Zielgruppe, der harmonieren muss.

Bevor wir verschiedene Werbemaßnahmen anschauen, lass mich einen wichtigen Satz dazwischenschieben: **Everybody hates spam!** Wirb für deinen Podcast mit Verve und Selbstbewusstsein, denn Trommeln gehört zum Geschäft, aber geh den Menschen nicht auf die Nerven, indem du sie mit deiner Werbebotschaft überrennst und »zuspammst«. Du stehst für deinen Podcast mit deiner Persönlichkeit ein, also bleib sympathisch. Wenn du zu aufdringlich bist, werden die Menschen dich eher ausblenden, weil ihnen der Werbedruck unangenehm wird.

Kluge Werbung ist gut. Eine wichtige Maßnahme ist, das Kernversprechen deines Podcasts herauszuarbeiten und konsequent zu wiederholen. Klarheit in dem, was dein Podcast deinen Hörer*innen bietet, ist zentral: je klarer, desto besser. Wir haben bereits einige Übungen dazu durchgeführt. Prüfe, ob du inzwischen in der Lage bist, einer Person, die du zufällig im Fahrstuhl triffst, deinen Podcast so zu beschreiben, dass dein Gegenüber sofort sagt: »Ich verstehe, was für mich als Hörer*in der Mehrwert beim Lauschen deines Podcasts ist. Ich werde reinhören.«

Der zweite Aspekt: Wiederholung. Im Kampagnensprech sagt man: Stay on message. Also, bleibe klar bei deiner Botschaft und wiederhole sie, wo immer du kannst. Der ehemalige SPD-Parteivorsitzende und Architekt von Gerhard Schröders Wahlerfolg, Franz Müntefering, hat immer den Tipp an seine Wahlkämpfer*innen gegeben, man möge sich so lange wiederholen, bis man sich selbst nicht mehr hören kann. Erst dann könne man davon ausgehen, dass die Zielgruppen einen vielleicht gehört habe. Er hat viele solcher klugen Kampagnenratschläge im Repertoire, aber dieser ist besonders hilfreich.

Suche dir also die passenden Kanäle.

- Richte dir einen Newsletter auf deiner Homepage ein.
- Werde Mitglied in Facebookgruppen zu deinem Thema.
- Lade dir Gäste in deinen Podcast ein, die selbst eine große Reichweite und Reputation in der passenden Community haben.

Als Katarina Barley Guido Maria Kretschmer in ihrer ersten Podcast-Folge vor dem Mikrofon hatte, war es nicht gerade schädlich, dass der populäre Modemacher seinen Besuch im Studio von ASK.Berlin über seine Social-Media-Kanäle bekannt gab. Als ich den Comedian Till Reiners als Gast hatte, erlebte ich einen ähnlichen Effekt. Am Tag nach der Podcast-Veröffentlichung trat er in der ZDF-Sendung *Die Anstalt* auf. Bis heute ist die Folge mit dem lustigen (und wahnsinnig netten) Quergeist die erfolgreichste des *Dennis Eighteen Podcasts.*

Kluge Begleitkommunikation auf den passenden Social-Media-Plattformen sollte ebenfalls beim Aufbau deiner Reichweite helfen. Bist du eher im Businessbereich unterwegs, lohnen sich zum Beispiel LinkedIn und Xing. Hast du einen Podcast, der politisch ist, funktionieren Facebook und Twitter gut. Bei Wellness- und Gesundheitsthemen, wie bei meinem *Traumbilder*-Podcast, bietet sich zum Beispiel Instagram an. Die passenden Hashtags und die richtige Bildsprache zahlen verlässlich auf dein Podcast-Konto ein. Versuche herauszubekommen, wie vergleichbarer Content auf den jeweiligen Plattformen beworben wird und versuche, diese Strategien zu übernehmen und Stück für Stück weiterzuentwickeln.

8. Baue dir ein eigenes Ökosystem im Netz

Ein erfolgreicher Podcast ist ein Bestandteil eines größeren Kommunikationssystems, das du baust, um deine Community zu erreichen. Betrachte deinen Podcast nicht als Maschine, sondern als Getriebe eines Fahrzeugs. Ohne Getriebe kommst du nicht aus der Parklücke, aber ein Getriebe alleine bringt dich auch nicht wirklich über den Brenner an den Adria-Strand (oder wo immer du sonst so hin möchtest).

Idealerweise ist dein Podcast eingebettet in ein breites Umfeld an Kanälen, Produkten und Plattformen. Keine Sorge, du musst nicht am ersten Tag deines Podcaster-Lebens alle im Folgenden beschriebenen

Bausteine an den Start bringen. Du kannst das Ökosystem, in dem dein Podcast wächst und gedeiht, auch in aller Ruhe aufbauen, Denn Podcasts sind langfristig angelegte Projekte. Gehe zielstrebig und mit Engagement vor, aber lass dich dabei nicht von dem Gedanken kirre machen, alles gleichzeitig machen und schaffen zu müssen. Sonst fühlst du dich schnell erschlagen und verlierst möglicherweise den Spaß an der Sache.

Lass uns einmal eine Landkarte aufzeichnen, die den Lebensraum deines Podcasts idealtypisch beschreibt.

Bevor wir loslegen, nimm dir einen Notizzettel und Stift. Stelle dir einen Timer von fünf Minuten. Sobald dieser abgelaufen ist, schreibe schnellstmöglich alle Wege auf, über die du erreichbar bist – vom Briefkasten bis zu Twitter. Notiere alle Kanäle, über die du mit der Welt um dich herum kommunizierst und über die Menschen dir Nachrichten zukommen lassen können.

Schau dir nun deine Liste an: Wie lang ist sie? Wie sieht deine Kommunikationsinfrastruktur aus?

Hier ist zum Vergleich meine Liste. Sieht deine Liste anders aus? Gibt es Überschneidungen? Entdeckst du Punkte, die du vergessen hast, zu notieren? Gibt es Kanäle, die du nicht hast? Willst du diese Kanäle vielleicht gar nicht? Oder bist du noch nicht dazu gekommen oder hast noch nie über sie nachgedacht?

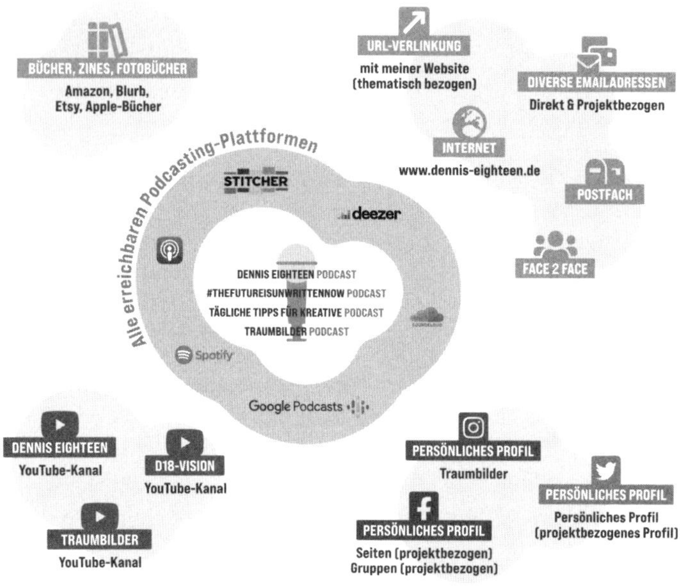

Meine Kommunikationslandkarte (Ergebnis des Brainstorming)

Die Übersicht ist schnell aufgezeichnet, aber die Elemente entstanden über die Jahre. Sicherlich ist dein Podcast nicht dein Einstieg ins Internetzeitalter und bestimmt hast du diverse E-Mail-Adressen, Accounts auf mehreren Social-Media-Plattformen und natürlich hast du einen Briefkasten und triffst mit Menschen zusammen. Vielleicht hast du auch schon eine Webseite. All diese Symbole auf deiner Kommunikationslandkarte nennt man **Points of Contact** (POC). Hier trifft dein Content auf Menschen und hier kann deine Community zu dir Kontakt aufnehmen beziehungsweise Zeit mit deinen Inhalten verbringen. Es lohnt sich, diese Kontaktpunkte genau anzuschauen. Welche nutzt du wirklich regelmäßig? Wo kommen die Mitglieder deiner Community schwerpunktmäßig mit dir und deinem Content in Kontakt? Versuche, eine Gewichtung zu finden. Es ist schön, viele Angelhaken im Meer zu haben – je mehr, desto besser. Dennoch bringt es dir nichts, wenn an diesen Haken keine Leinen befestigt sind, an denen du die Fische aus dem Ozean ziehen kannst. Versuche also, alle Haken mit dir zu verbinden. Gehe hierbei strategisch vor, denn Effizienz ist der Schlüssel. Du willst einen Podcast betreiben und ihn erfolgreich werden lassen, kein Medienimperium leiten. Es empfiehlt sich, zwei POC-Schwärme zu bilden: einen, der passiv durch das Meer treibt und um den du dich nicht weiter kümmern musst, und einen zweiten (kleineren) Schwarm von Kontaktpunkten, den du aktiv managst. Egal, wo Menschen auf dich treffen, sei es im passiven oder im aktiven Bereich, sie sollten schnell zu dir und deinem Content finden.

Zur Verdeutlichung werfen wir mal einen Blick auf meinen passiven Point of Contact-Schwarm. In ihm schwimmen zum Beispiel diverse Internetadressen (URLs), die ich über die Jahre für bestimmte Projekte eingerichtet habe. Auch wenn die Projekte selbst nicht mehr zu finden sind, so gibt es die URLs noch. Sie wurden in YouTube-Videos oder Podcasts erwähnt oder in alten Facebook-Posts verlinkt. Damit diese Haken nicht ohne Verbindung zu mir sind, habe ich alle URLs auf meiner aktuellen Homepage verlinkt. Ein anderes Beispiel sind meine YouTube-Videos: Meine Kanäle betreibe ich aus Zeitgründen kaum noch. Dennoch schwimmen da über 300 Videos im Internetmeer herum und werden täglich von vielen Menschen angesehen. Auch diese Videos führen per Verlinkung und über die Kanalbeschreibung auf meine Homepage. Bei Amazon, www.blurb.com, Etsy und Apple Books findest du meine Bücher, Magazine und Zines, die dank Selfpublishing über die Jahre entstanden sind. All diese sind mit meinem Namen, meiner Webseite und meinen Social-Media-Kanälen verknüpft. Ich lade die Bücher hoch, mache ein bisschen Werbung und dann ignoriere ich sie erst einmal wieder.

Die Liste der passiven Elemente meiner Kommunikationslandkarte ist also lang. Wäre es gut, würde ich mich um alle regelmäßig kümmern? Klar! Aber dafür habe ich keine Zeit. Aktiv kümmere ich mich derzeit um fünf Elemente meiner Karte: meine Podcasts, meine Webseite, meine Auftritte bei Instagram und Facebook, meine E-Mails sowie »echte« menschliche Kontakte. Hier investiere ich Energie. Der Rest der Karte lebt durch die einmal eingerichteten Verbindungslinien.

Ist das alles? Nein! Am Rande der abgebildeten Karte geht es weiter. Dort sind die Verbindungen zu anderen Akteur*innen aus meinem Netzwerk: Freund*innen, Kollaborationspartner*innen, berufliche Kontaktpersonen usw. Diese Bereiche außerhalb des engsten Rahmens habe ich als »Dorf« bezeichnet. Die partnerschaftliche Zusammenarbeit mit deinen Nachbar*innen in dieser Gemeinde erweitert das Ökosystem, in dem dein Podcast lebt, um viele aktive und passive Points of Contact, Inspirationsquellen, schöne Erlebnisse und Menschen, die dir beim Erfolg deiner Projekte helfen.

Ein Beispiel aus meinem Universum: Heute bekam ich eine Sprachnachricht vom Podcaster Kai Flockenhaus von *Ich und mein Crohn*. Er hatte einen spannenden Gast in einer neuen Folge, der die inhaltliche Qualität seines Podcasts ordentlich bereichert hatte. Er bat mich darum, seinen Facebook-Post zur neuen Folge zu teilen. Kurz zuvor habe ich dem Podcaster Leif Neugebohrn von *überzeugungsarbeit.de* eine SMS geschrieben und um ein Zitat für dieses Buch gebeten. All diese Kontaktbrücken über die eigene Landkarte hinweg sind über Jahre aufgebaut worden und werden in beide Richtungen befahren. Ich war bei Kai als Gast im Podcast, Leif in meinem; mit beiden bin ich unzählige Male in YouTube-Videos gemeinsam zu sehen; mit Leif habe ich schon mehr Seminare gemeinsam gemacht, als ich mich erinnern kann.

Stecke Kraft in guten Content auf deinem Podcast-Kanal und nutze gezielt all die Möglichkeiten deines Netzwerks. Am einfachsten hältst du die Fäden beisammen, wenn du dein Ökosystem langsam und strategisch aufbaust. Wichtig ist dabei, dass alle Wege nicht nach Rom führen, sondern zu dir. Du solltest einen zentralen Ort definieren, von dem aus du deine Community steuerst. Ich empfehle dafür eine gute Homepage und ein bis zwei zentrale Social-Media-Kanäle, die du oft und mit Freude mit Inhalten fütterst.

Aktive sowie passive Points of Contact und mein Dorf

Versuche, die Elemente auf deiner persönlichen Kommunikationslandkarte den Kreisen »aktiv« und »passiv« zuzuordnen und prüfe, ob es zwischen diesen beiden »Schwärmen« gute Verbindungslinien gibt (wie Verlinkungen etc.). Schaue dir den inneren Kreis dann genau an und fokussiere deine Aktivitäten auf diesen Bereich. Nun richte deine Aufmerksamkeit auf die Nachbar*innen in deinem Dorf: Wen kennst du und wie kannst du mit ihnen kooperieren?

EXKURS: GELD VERDIENEN MIT DEINEM PODCAST

Wenn ich mit diesem Buch reich werden wollen wollte, würde ich auf den Titel schreiben: *Mit Podcasts einfach Millionär werden! Ein How-to!* Am besten in fetten goldenen Lettern! Wahrscheinlich würde ich lieber gar kein Buch schreiben, alle die Geldsäcke selbst einsammeln, aber niemandem meine Zauberformel verraten. Leider gibt es sie nicht. Lasst euch auch nichts anderes erzählen. Ja, es gibt Menschen, die verdienen Geld mit Podcasts, und ja, es gibt auch wirklich erfolgreiche Podcaster, die viel Geld verdienen. Aber die meisten Mikrofonpilot*innen podcasten sich keine goldene Nase.

Dennoch gibt es Möglichkeiten, den Podcast zu nutzen, um ein Einkommen zu generieren. Dafür gibt es diese sechs klassischen Wege:

1. Affiliate-Programme

Große Onlineseller bieten sogenannte Affiliate-Programme an. Diese Firmen erlauben dir, sich auf ihren Plattformen als Werbeträger*in für ihre Produkte zu registrieren. Danach bekommst du Links und Rabattcodes, für die du in deinem Podcast, auf deiner Webseite oder in den Shownotes zu jeder Folge wirbst. Klickt ein*e Hörer*in auf einen dieser Links und kauft das sich dahinter verbergende Produkt, bekommst du (als Affiliate-Partner*in) eine Verkaufsprovision. In der YouTube- und Instagram-Welt ist diese Methode schon ein alter Hut und läuft seit Langem überaus erfolgreich. In der Podcasting-Szene sind diese Programme ebenfalls bereits Alltag.

Ein Beispiel: Du produzierst einen Podcast zum Thema Ernährung und berichtest davon, wie wichtig ein guter Mixer für die Zubereitung sei. Du weist darauf hin, dass du ein paar passende Küchengeräte in einem Internetkaufhaus entdeckt hättest und die Links zu selbigen seien in den Shownotes zu finden. Deine Hörer*innen vertrauen deinem Urteil und finden die Produktempfehlung relevant. Sie klicken auf den Link und kaufen einen Mixer. Und schwups: Geld verdient! Ach, das Internetkaufhaus natürlich auch. Herzlichen Glückwunsch! Du bist jetzt offiziell ein*e Influencer*in!

Die Umsätze hängen davon ab, wie oft die Links geklickt werden und wie viel Umsatz der Produktanbieter durch deinen Link generiert hat bzw. wie hoch deine Provision von der Plattform ist.

2. Automatisierte Werbung

Es gibt Plattformen, bei denen du deinen Podcast registrieren kannst. Diese Plattformen fügen dann automatisch Werbespots in deine Folgen ein. Du kannst entscheiden, ob sie zu Beginn als *pre-roll*, mitten in der Folge (*mid-roll*) oder am Ende (*post-roll*) eingefügt werden sollen. Je nach Plattform kannst du deinen Podcast unterschiedlichen Kategorien zuordnen und Schlüsselwörter vergeben. Die Werbeplattform sucht dann thematisch passende Spots aus und platziert diese in deinem Podcast.

Das klingt verlockend einfach – ist es auch. Du musst dich lediglich einmal anmelden und alles Weitere läuft automatisch. Der Nachteil: Du hast keinen Einfluss auf die Produkte, die im Kontext deines Podcasts beworben werden. Damit riskierst du gegebenenfalls eine Verärgerung bei deinen Hörer*innen, denn wenn sie die Werbung als unangenehm empfinden, machen sie dich dafür verantwortlich – nicht die anonyme Werbeplattform. Der andere Nachteil ist, dass beispielsweise Spotify es überhaupt nicht lustig findet, wenn ihre Plattform, die dank Abosystem eigentlich werbefrei ist, durch dich mit Werbung »verunreinigt« wird. Noch blockt Spotify deinen mit Werbung versehenen Podcast nicht, aber der Algorithmus arbeitet nicht gerade zu deinem Vorteil – du wirst vor allem nicht aktiv unterstützt. Ich erlebe diesen Mechanismus am eigenen Leib mit dem *Dennis Eighteen*

Podcast. Bei Apple-Podcast läuft er recht ordentlich, aber bei Spotify »hängt er tot überm Zaun«. Auf meine Anfrage bekam ich von Spotify keine Antwort. Ich werde den Verdacht aber nicht los, dass es einen Zusammenhang mit der automatisierten Werbung geben könnte.

Bei dieser Kategorie hängt der Umsatz unmittelbar davon ab, wie oft dein Podcast gehört wird.

3. Native Werbung und Sponsoring

Sponsoring funktioniert auf einer Partnerschaftsbasis. Du findest zum Beispiel ein Unternehmen, das bereit ist, dir eine bestimmte Summe dafür zu bezahlen, dass du es in deinem Podcast erwähnst. Das kann durch einen einfachen Dank geschehen oder durch die Formulierung »Dieser Podcast wird unterstützt von ...« oder »Firma X ist offizieller Partner dieses Podcasts«.

Ein anderer Weg wäre eine vom Host persönlich eingesprochene Werbebotschaft. Im Gegensatz zum Werbespot ist diese native Werbung für Sponsoren besonders interessant, da sie von der Reputation des Hosts profitiert. Nicht eine Werbeagentur zeigt die Vorzüge eines Produkts auf, sondern der*die vertrauenswürdige Gastgeber*in segnet das Produkt persönlich ab.

Wie findet man als Podcaster Sponsoren? In der Regel auf zwei Wegen: Entweder entdeckt ein Werbetreibender deinen Podcast und bietet dir eine Partnerschaft an (so ging es mir vor einiger Zeit mit einem Anbieter von Webseitenbaukästen) oder du suchst dir selbst eine*n passende*n Werbepartner*in und stellst deinen Podcast als attraktive Werbeplattform vor. Meist sind Agenturen zwischengeschaltet, die werbende Unternehmen und Podcaster zusammenbringen, um für die Vermittlung eine Provision zu kassieren. Wenn dein Podcast groß genug ist und in einer attraktiven Community gut ankommt, kannst du auch aktiv auf so eine Agentur zugehen und erfragen, welche Möglichkeiten der Vermittlung von Sponsor*innen es für dich gäbe. Für Einsteiger*innen ist dieser Weg eher unwahrscheinlich. Aber du hast ja vor, lange als Podcaster aktiv zu sein. Nähre deinen Podcast und halte in aller Ruhe Ausschau nach Werbepartner*innen.

4. Pay-to-play

Wenn dein Podcast eine spannende und entsprechend große Community erreicht, kann es sich lohnen, Gästen gegen ein dir gezahltes Honorar Interviewplätze in deinen Folgen anzubieten. Für eine*n Unternehmensberater*in oder Führungskräftecoach kann der Auftritt in einem erfolgreichen Business-Podcast als Werbung für die eigene Firma attraktiv sein. In einem Interview mit dir kann dein Gast glänzen und die eigene Kompetenz hervorheben. Wahrscheinlich wird er*sie im Anschluss der Aufnahme selbst damit werben, in deinem Podcast Gast gewesen zu sein.

Solche Pay-to-play-Slots in Podcasts zu verkaufen, gelingt nur bei einer wirklichen hohen Reichweite innerhalb einer exakt definierten Zielgruppe. Wenn dein Podcast aber ein solches Werbeumfeld anbieten kann, ist hier durchaus gutes Geld zu verdienen. Diese Einnahmequelle kann deinem Ruf als vertrauenswürdiger Host allerdings Schaden zufügen, denn wenn der Eindruck entsteht, dass du »das alles ja eh nur machst, um Kohle zu verdienen«, verlierst du schnell deine Glaubwürdigkeit und ggf. dein Publikum. Sei also vorsichtig. Dein guter Name ist der einzige Garant für deinen Erfolg als Podcaster.

5. Crowdfunding

Es gibt immer neue Plattformen im Netz, die Kleinstbeträge von einer Vielzahl von Menschen sammeln und einem vorher definierten Zweck zuführen. Die unterschiedlichen Plattformen dienen dabei unterschiedlichen Zwecken – die einen sammeln Spenden für einen karitativen Zweck und andere fördern zum Beispiel Content Producers. Hörer*innen eines Podcast spenden einen kleinen Beitrag, weil sie möchten, dass der Host weiterhin gute und für sie relevante Inhalte produziert. Die kleinen Beträge summieren sich, die Sammelplattform zieht eine Provision ab und schüttet die Spenden als Gesamtsumme in regelmäßigen Abständen aus. Plattformen wie Patreon bauen den Mechanismus der Fanclubs nach, denn man registriert sich dort und kann dann gezielt einzelne Kreative wie einen Podcaster unterstützen. Im Gegenzug bekommt der*die Unterstützer*in eine exklusive (vom Podcaster definierte) Gegenleistung. Es gibt zum Beispiel Podcasts, die den Förder*innen ihre neuen Folgen einige Tage früher zukommen lassen. So machen es zum Beispiel die Hosts des *Analog Talk Fotografiepodcasts.* Den Dank an die Spender*innen gestalten die Podcaster von *Bruce Springsteen Sings the Alphabet* in mehreren Stufen. Der niedrigste bietet Zugang zu exklusiven Bonusfolgen, die öffentlich nicht zu hören sind. Weitere Stufen sind die Erwähnung im Podcast oder die Mitgliedschaft in einer geschlossenen Chatgruppe mit den Hosts. Das größte Dankeschön, dass die Hosts anbieten, ist der Auftritt als Interviewgast in einer Sonderfolge. Andere Podcaster geben zum Beispiel exklusive Fanartikel an die Fördermitglieder ihrer Patreonfanclubs ab.

6. Podcasts als Werbung für deine anderen Einnahmequellen

Bisher haben wir über direkte Einnahmequellen gesprochen. Dein Podcast kann aber auch indirekt Gelder generieren, ohne dass du ihn durch die ein oder andere Art von Werbung fördern lässt. Denn ein Podcast kann eine wunderbare Visitenkarte für dich sein. Verdienst du dein Geld vielleicht als Seminarleiter*in, dann kannst du über deinen Podcast öffentlichkeitswirksam zeigen, was in dir steckt und so neue Kund*innen auf dich aufmerksam machen. Wächst deine

Hörer*innenschaft, kannst du deinen »Podcast-Promi-Status« in eine Erhöhung deines Honorars ummünzen. Früher hat man vielen Freiberufler*innen den Rat gegeben, ein Buch zu schreiben, um eine gewisse Reputation zu erlangen – heute kann ein Podcast diese Funktion ebenfalls erfüllen.

Ein Hinweis zum Ende dieses kleinen Exkurses: Es besteht die rechtliche Pflicht, werbliche Inhalte entsprechend zu kennzeichnen. Tu dir daher selbst den Gefallen und halte dich an diese Vorgaben. Nicht nur, um juristische Probleme zu vermeiden, sondern auch, weil du möchtest, dass deine Community dir langfristig vertraut. Schmuggel keine Werbung in deine Podcasts, ohne sie kenntlich zu machen. Es ist schlicht keine kluge Marketingstrategie, das eigene Publikum zu vergraulen.

Die Direktorenkonferenz der Landesmedienanstalten (DLM) hat hierzu einen leicht verständlichen Leitfaden herausgegeben. Da sich die Rechtslage nach Erscheinen dieses Buches ändern kann (und ich kein Jurist bin), schlage ich vor, du schaust bei www.die-medienanstalten.de vorbei und informierst dich bei Bedarf über die aktuellen Vorgaben für die Kennzeichnung von Werbung in Online-Angeboten. Ich will dir nicht den Spaß am Geld verdienen und schon gar nicht am Podcasten vermiesen, möchte aber an dieser Stelle einfach sicherstellen, dass du sensibel mit dem Thema umgehst. Ganz unjuristisch lautet mein persönlicher Rat: Transparenz, Transparenz, Transparenz. Deine Community hat in der Regel kein Problem damit, wenn du mit deinem Podcast Geld verdienst. Aber niemand vertraut jemandem, der*die etwas verheimlicht – und Vertrauen ist die größte Entlohnung, die du dir wünschen kannst. Auch aus finanzieller Sicht.

Praxisgespräch mit Dr. Marcus Disselkamp

Markus Disselkamp

Wen fragt man am besten zum Thema Erfolg als einen Businesscoach, der auch noch Podcaster ist? Ich habe Marcus Disselkamp in einem Seminar kennengelernt, in dem er über Managementtools sprach. In der Pause suchte ich wegen einer spontanen Idee das Gespräch zu ihm, die mir während seiner Ausführungen zum Thema Marketing kam: »Warum hast du eigentlich keinen Podcast? Du vermittelst doch beruflich Wissen, bist in deiner Disziplin ein anerkannter Experte und hast ein Händchen für Technologie.« Ich sah, wie es in Marcus' Kopf anfing, zu arbeiten. Im Laufe der Seminarwoche standen wir immer wieder beisammen und fragten uns gegenseitig Löcher in den Bauch. Stück für Stück wurde klar, dass sich hier gerade zwei gefunden hatten, die Lust hatten, zusammen ein Projekt auszuhecken. Wir verabredeten uns, um gemeinsam ein Konzept zu entwickeln, das Marcus' Kompetenz im Bereich Wirtschaft und Coaching mit meiner Podcast-Erfahrung zusammenbringen sollte.

Als ich ihn fragte, ob ich ihn für ein Praxisgespräch im Rahmen dieses Buchs gewinnen könnte, kam umgehend zurück: »Na, klar! Wann?« Wir trafen uns sodann via Zoom und hielten unser Gespräch über die integrierte Aufnahmefunktion mithilfe unserer USB-Mikrofone, die wir direkt mit dem Laptop verbanden, fest.

Freigaben durch Interviewpartner*innen

»Wenn ich merke, dass ein Gesprächspartner sich in seinen Ausführungen verliert, schneide ich ein bisschen an der Folge herum. Die Ergebnisse werden dann mit dem Interviewpartner abgestimmt, was meist sowieso notwendig ist, da ich vor allem Vertreter aus Firmen interviewe, bei denen es Governance- und Compliance-Themen gibt, sodass man immer ein wenig aufpassen muss.«

Beim Machen lernen

»Ich habe in den 80er-Jahren in Berlin gelebt. Da kamen gerade die Privatradios auf. Die waren auch nicht perfekt in ihrer Qualität, ihrer Reichweite, ihrem Sound und ihren Übergängen usw. Die haben auch einfach mal getüftelt und wurden erst langsam so professionell, wie sie heute sind. Jede Innovation kommt aus einer agilen Welt. Man fängt klein an, man lernt dazu, man wird besser und so hat man das schon vor Hunderten von Jahren gemacht, und auch heute noch, wenn man was entwickelt.«

Podcasts als Marketingtool

»Am Anfang war es nur die Neugierde. Dann hat sich aber bei mir schon die Frage gestellt, wenn du da Zeit investierst, dann verlierst du sie ja woanders. Das Ganze muss sich ja auch lohnen. Bei mir heißt das ›monetarisieren‹. Der Effekt ist bei mir relativ einfach. Ich mach das nach dem Pull-Prinzip. Ich gebe gratis ordentlichen Con-

tent ab. Also nicht einfach nur anfixen, so wie andere es tun, sondern man kann meinen Podcast hören und bekommt seriösen Content geliefert. Das würde schon den meisten reichen. In meinem Fall ist es aber so, dass ich Zuhörer generiere, die sagen: ›Das ist genau das Thema, dass bei uns in der Firma gerade von Bedeutung ist. Der Disselkamp könnte uns doch da als Experte [als Businesscoach] dabei unterstützen, das bei uns auch umzusetzen.‹ Ich habe einige sehr spannende Mandate auf diesem Wege generiert.«

Du findest das exklusive Podcast-Führerschein-Praxisgespräch mit Dr. Marcus Disselkamp auf meiner Homepage www.dennniseighteen.de oder indem du den folgenden QR-Code mit deinem Smartphone scannst:

TEIL 3: TECHNIK

Ach, all das spannende Spielzeug! Mikrofone, Recorder, Software, Schallabsorber: In diesem Kapitel schauen wir uns an, was du brauchst, um deine Ideen zum Klingen zu bringen.

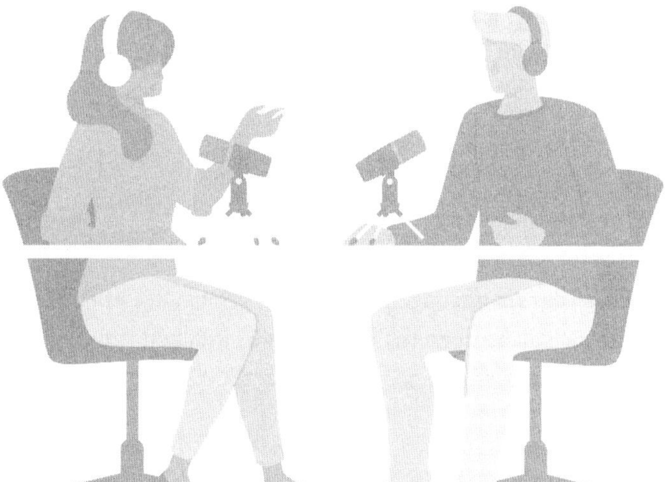

WELCHE TECHNIK BRAUCHST DU FÜR DEINEN PODCAST?

Die Liste der YouTube-Videos und Blogartikel zu dieser Frage ist schier unendlich. Nur leider beziehen sich viele dieser Online-Tipps auf bestimmte Produkte, denn oft steht ein finanzielles Interesse hinter den Kaufempfehlungen (Praxisbeispiel für Affiliate-Marketing). Auch wenn dies völlig legitim ist, weil schließlich jede*r für das eigene Gehalt aufkommen muss, empfehle ich dir trotzdem, dich an Informationen zu halten, die ohne Werbung auskommen. Denn bei der Suche nach der passenden technischen Ausstattung für deinen Podcast sollte es einzig und allein darum gehen, was du wirklich brauchst, und nicht darum, mit welcher Verkaufsempfehlung ein YouTuber mehr Geld verdient. Die Tipps in diesem Kapitel beziehen sich also nicht auf konkrete Produkte, sondern auf die Beschreibung der Funktionalität. Welches Gerät kann was und wie setzt man es richtig ein? Dieser Frage folgend sind die kommenden Hinweise zu verstehen.

Du brauchst in der Regel fünf Sachen, um in die Podcast-Welt einzusteigen: Mikrofon, digitales Aufnahmegerät, Kopfhörer, Internetverbindung und einen ruhigen Raum. Die einfachste und günstigste Möglichkeit, um loszulegen, ist die Arbeit mit dem eigenen Smartphone. Es hat ein eingebautes Mikrofon, das für die menschliche Sprache optimiert ist. Es bietet eine Aufnahmefunktion und es lässt dich über WLAN oder das Mobilfunknetz deinen Podcast ins Internet laden. Das andere Extrem auf der Technikskala ist die Einrichtung eines Podcast-Studios mit Vorverstärkern, Soundpanels an der Wand und allem Schnickschnack. Und natürlich mit einem »Achtung Aufnahme«-Schild an der Tür!

Dazwischen gibt es viele Varianten, wie das eigene Podcasting-Set-up aussehen kann. Um dein eigenes Equipment zusammenzustellen, solltest du dir vier Fragen stellen:

1. Wie soll mein Podcast gestaltet werden?
2. Wie arbeite ich am effektivsten?
3. Wie hoch ist mein Budget?
4. In welcher Umgebung nehme ich meinen Podcast auf?

Die erste Frage bezieht sich darauf, ob du zum Beispiel vorhast, deinen Podcast allein aufzunehmen oder ob du planst, generell mit Gesprächspartner*innen oder einem Co-Host zu arbeiten. Willst du deinen Podcast-Arbeitsplatz zu Hause oder im Büro fest installieren oder willst du mobil sein? Oder bist du dir noch nicht sicher, wie sich dein Podcast entwickeln wird und brauchst eine Ausstattung, die mit deinen immer neuen Ideen mitwachsen kann? Es ergibt schließlich wenig Sinn, alle paar Wochen die Kreditkarte zu zücken, nur weil die Muse zum Knutschen vorbeikam.

Die zweite Frage bezieht sich auf deine eigenen Erfahrungen. Erinnere dich an dieser Stelle daran, wie du an vergangenen Projekten gearbeitet hast. Brauchst du für deine Ideenverwirklichung ein cooles technisches Set-up? Oder steht zu viel Equipment deiner Kreativität eher im Weg? Möchtest du gerne mit Touchscreen, Apps und Menüs arbeiten oder liegt dir viel an analogen Bedienelementen wie Knöpfen und Reglern?

Die dritte Frage ist wirklich wichtig, denn die Investition in Technik sollte unbedingt im Rahmen der eigenen Möglichkeiten bleiben. Spielt Geld keine Rolle, dann hau es auch raus und gönne dir ein ungebremstes Shoppingerlebnis! Wenn der Geldbeutel eher einen begrenzten Umfang hat, dann sei vorsichtig und kaufe nur das Nötigste, um deine Idee in die Ohren deines Publikums zu bringen. Technisch aufrüsten kann man auch Stück für Stück.

Die wichtigste Kaufentscheidung bei der Einrichtung deines Podcast-Set-ups ist das Mikrofon. Hier lohnt es sich, dir genau zu überlegen, was du brauchst. Denn die Welt der Mikrofone ist die wohl komplizierteste von allen. Lass uns also im ersten Schritt einen Blick auf das Gerät werfen, das deine Stimme einfangen soll.

MIKROFON: DEIN*E BESTE FREUND*IN

Welches Mikrofon brauchst du für deinen Podcast? USB-Mikrofon, dynamisches Mikrofon oder Kondensatormikrofon? Ein kleines Geheimnis vorweg: Der Erfolg deines Podcasts hängt viel mehr von deiner Idee und deiner Leidenschaft für das Thema ab als vom Preisschild an deinem Mikrofon. Dennoch steht die Frage nach dem passenden Mikrofon für deinen Podcast natürlich im Raum.

Es gibt unterschiedliche Mikrofonklassen. Keine ist dabei besser als die andere, denn sie sind einfach unterschiedlich, da sie für unterschiedliche Aufgaben hergestellt wurden. Es stellt sich schnell die Frage, welches Mikrofon das für dich beste sei. So wie bei der Entscheidung zwischen Hammer und Säge beginnt die Suche nach dem richtigen Tool immer mit dem Blick auf die Aufgabe. Was willst du wirklich tun? Und mit welchem Gerät bekommst du es hin? Was du für deinen Podcast benötigst, hängt davon ab, wie deine Aufnahmesituation ist und wie dein Workflow aussehen soll.

USB-Mikrofone

USB-Mikrofone und Smartphone-Mikros können identisch betrachtet werden, denn sie erlauben dir, dich direkt mit deinem Laptop, Tablet oder Smartphone zu verbinden. Dein kompletter Aufnahmeprozess ist somit digital und weitere technische Schnittstellen fallen weg. Sehr praktisch! Und nicht allzu teuer. Die Preisspanne für ein gutes bis sehr gutes Mikrofon dieser zwei Typen liegt zwischen 80 und 200 Euro.

Wenn du allein aufnimmst oder deine Gesprächspartner*innen zum Beispiel per Skype, Facetime oder Zoom hinzugeschaltet werden, dann brauchst du nur noch einen Kopfhörer, um dein Studio auszustatten. Wenn du allerdings mit mehreren Personen über denselben Laptop aufnehmen willst, sind USB-Mikrofone nicht die beste Wahl. Oft ist es nicht leicht, zwei oder mehrere USB-Mikrofone an einen Computer anzuschließen. Es gibt zwar für alles Tricks, aber die Idee ist es, dass du einfach und verlässlich zu guten Podcast-Folgen kommst und dich nicht in den Tiefen des Hackings deines eigenen Laptops verlierst. Solltest du also mit mehreren Personen auf deinem Laptop aufnehmen wollen, rate ich von USB-Mikrofonen ab. Dynamische und Kondensatormikrofone sind dann nämlich die bessere Wahl, dafür benötigst du allerdings ein gesondertes Audiointerface.

Denke bitte nicht, dass das USB-Laptop-Set-up zu einfach klingt, um wirklich gut zu sein. Viele erfolgreiche Podcaster arbeiten genau so. Stecker ins Gerät und los geht's.

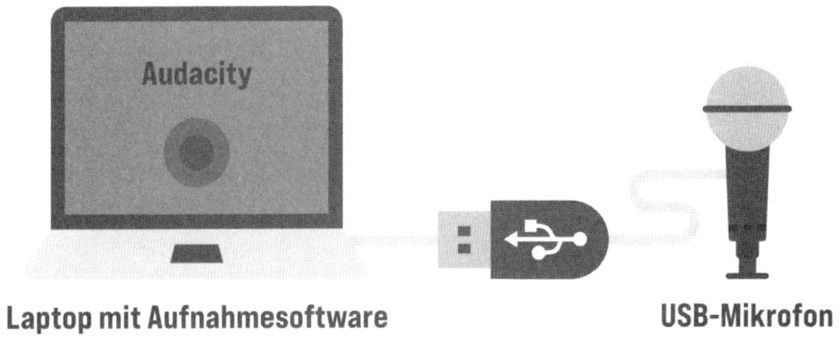

Das Set-up vom Podcast *Ich und mein Crohn*

Kai Flockenhaus verwendet für die Aufnahmen seines Podcasts das beliebte Mikrofon Røde NT-USB, das mit circa 160 Euro zu Buche schlägt. Er stöpselt es direkt in sein Mac Book Pro und nimmt seine Stimme in der kostenlosen Aufnahme- und Schnittsoftware Audacity auf. Wenn er Gäste interviewt, nimmt er das Gespräch über die Videokonferenzsoftware Zoom auf. Am besten klingen diese Gespräche, wenn beide Gesprächspartner*innen ein externes Mikrofon an ihrem Laptop anstecken. Falls aber der Gast kein USB-Mikrofon hat, hört man diesen Unterschied zwischen Host und Gast sofort. Solltest du einen Co-Host haben, der*die remote, also aus der Ferne, mit dir arbeitet, dann solltet ihr am besten beide in gute USB-Mikrofone investieren. Idealerweise in dasselbe Produkt, denn so ist die Soundqualität an beiden Enden vergleichbar.

Auch der Podcaster und Businesscoach Marcus Disselkamp setzt auf das Røde NT-USB. Er nimmt direkt in der kostenlosen Apple-Software Garageband auf. Das von Kai präferierte Audacity ist sowohl für Mac OS als auch Windows verfügbar.

AUFNAHME

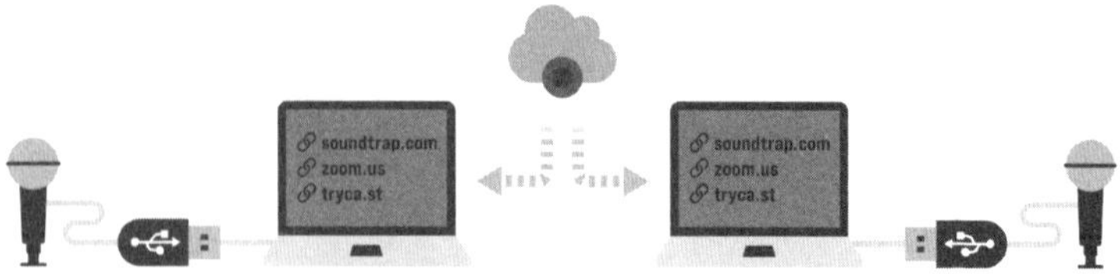

Aufnahme-Setup für Gesprächspartner*innen an unterschiedlichen Orten

Der Podcaster Leif Neugebohrn nutzt für seinen Kanal *überzeugungsarbeit.de* das USB-Mikrofon auna MIC-900B (im Set mit Mikrofonarm, Anti-Stoßhalterung, Mikrofonschirm und Popschutz) für 169 Euro. Er verwendet für die Aufnahmen seiner Interviews die Remote-Recording-Plattform www.tryca.st.

Gerade in der Corona-Zeit sind online-basierte Aufnahmesituationen für viele Podcaster*innen zur Regel geworden. Ganz gleich, ob sie sich per Skype, Zoom, Tryca oder über andere Wege zusammenschalten: Am einfachsten gelingt eine gute Aufnahme, wenn an beiden Enden der Leitung ein gutes USB-Mikrofon vorhanden ist.

Wenn du preislich etwas vorsichtiger starten willst, findest du ordentliche Alternativen zu dem von Kai verwendeten Mikrofon. Klickt man sich beim Online-Kaufhaus Amazon durch die Angebote mit Bewertungen von vier oder mehr Sternen, gibt es bereits ab 50 Euro vernünftige Optionen und ab 80 Euro bereits gute Sets bestehend aus USB-Großmembranmikros, Stativ, Kabel und Popschutz.

Viele USB-Mikrofone weisen attraktive Zusatzfeatures auf. Oft haben sie einen Kopfhörerausgang, der es dir erlaubt, den Klang deiner Stimme direkt zu überprüfen. Zusätzlich haben viele Geräte einen Regler, mit dem die Eingangsstärke (*Gain*) und die Ausgangslautstärke des Kopfhöreranschlusses geregelt werden kann. Das ist nicht zwingend notwendig, macht die Aufnahme aber deutlich komfortabler.

Derzeit erfreuen sich folgende USB-Mikrofone innerhalb der Podcaster-Community großer Beliebtheit. Alle Geräte enthalten Gain- und Lautstärkeregler für den eingebauten Kopfhöreranschluss.

Derzeit beliebte Podcast-Mikrofone mit USB-Anschluss

Typenbezeichnung	Preis*
Blue Yeti	139,24 Euro
Røde NT-USB	163,00 Euro
Røde NT-USB mini	94,00 Euro
Audio-Technica AT2020 USB+	135,00 Euro
Shure MV 7	279,00 Euro
auna Mic-900B	79,99 Euro

**Preis laut Amazon.de im Winter 2020*

Die Liste ist nur ein kurzer Angebotsausschnitt und gibt dementsprechend nur einen Einblick, über welche Mikrofone sich Technik-You-Tuber und Podcaster derzeit angeregt unterhalten. Beim Kauf jedes dieser Mikrofone kannst du nichts verkehrt machen, wenn du direkt mit deinem Laptop (oder via Adapter über ein Smartphone oder Tablet) aufnehmen möchtest.

Der Charm der USB-Mikrofone ist, dass sie einfach angesteckt werden und sofort einsatzfähig sind. Du musst dafür keine zusätzlichen Treiber installieren oder andere Einstellungen vornehmen. Die Zauberformel lautet »Plug and Play«.

Dynamische vs. Kondensatormikrofone

Um mit mehreren Mikrofonen über einen Laptop oder auf einem speziellen digitalen Aufnahmegerät aufzunehmen, benötigst du in der Regel dynamische oder Kondensatormikrofone. Sie werden mit XLR-Steckern oder Klinkenkabeln an das Aufnahmegerät angeschlossen.

Wer mit dem Computer arbeitet, benötigt ein **Audio-Interface**, das zwischen Mikrofon und Rechner geschaltet wird. Das analoge Signal des Mikrofons wird in diesem Gerät digital umgewandelt und dann per USB-Anschluss an den Rechner weitergeleitet.

Dynamische Mikrofone benötigen häufig einen Vorverstärker, der das Signal boostet und somit eine präsentere Aufnahme ermöglicht. Viele Audio-Interfaces haben diese Funktion bereits integriert. Beim Kauf solltest du aber darauf achten, dass dein gewähltes Gerät diese Möglichkeit hat. Auch Stand-alone-Recorder haben in der Regel sogenannte **Pre-Amps** (Vorverstärker) integriert. Die Stärke und Qualität dieser eingebauten Pre-Amps ist nicht immer die beste, sodass auch hier je nach Mikrofon ein Vorverstärker ratsam sein kann. Die Entwicklung der Audio-Recorder geht rasant voran und die einfache Handhabung steht bei diesen Geräten im Vordergrund. Auch die integrierten Vorverstärker werden kontinuierlich besser. Bei einem hochwertigen Gerät (zwischen 300 und 700 Euro) bist du auf alle Fälle gut aufgehoben.

Kondensatormikrofone benötigen häufig Strom, um die aktiven Teile der Technik zu betreiben. Die sogenannte Phantomspeisung liefert diesen Strom über das Mikrofonkabel. Die Spannung liegt zwischen 12 und 48 Volt. (Schau bitte in die Anleitung deines Mikrofons, welche Spannung die richtige ist.) Falls du mit einem Audio-Interface arbeitest, solltest du vor dem Kauf eines Kondensatormikrofons darauf achten, dass das Interface eine zuschaltbare Phantomspeisung ermöglicht.

Dynamische Mikrofone benötigen in der Regel keine Phantomspeisung. Ältere Modelle nehmen Schaden, wenn ihnen extern Strom zugeleitet wird. Neuere sind da unempfindlicher. Schau bitte im Zweifel unbedingt in das Handbuch deines kostbaren Mikrofons.

Welches Mikrofon brauchst du also? Kondensator oder ein dynamisches? Die frustrierende Antwort lautet: »Das kommt darauf an« – genauer gesagt: auf deine Aufnahmesituation. Dynamische und

Kondensatormikrofone haben unterschiedliche Eigenschaften. Fragen wir doch einfach einen professionellen Musiker und Produzenten, ob er uns den Unterschied kurz und knapp erläutern kann.

> *»Ohne zu sehr auf die technischen Unterschiede einzugehen, solltest du wissen, dass es das ›richtige‹ Mikrofon nicht gibt. Dynamische Mikrofone sind robuster und vielleicht hast du das ein oder andere Mikrofon schon einmal in der Hand eines Sängers gesehen. Diese Mikrofone haben ihre Stärke auf der Bühne, wo nicht viele Nebengeräusche (Gitarrenverstärker, Schlagzeug) aufgenommen werden dürfen. Wenn du zum Beispiel in einem Konferenzraum sitzt, der keine gute Raumakustik oder viele Hintergrundgeräusche hat, solltest du eher ein dynamisches Mikrofon benutzen. Allerdings musst du zum Sprechen sehr nah an das Mikrofon heran. In einem Raum mit guter Raumakustik und ohne störende Geräusche kannst du ein Kondensatormikrofon nehmen. Mit diesem Mikrofon musst du im Interview nicht mit den Lippen am Mikrofon kleben, sondern kannst dich – frei bewegend – mit deinem Gast unterhalten. Kondensatormikrofone bilden durch ihre dünne Membrane die Sprachfrequenzen besser ab. Deine Stimme klingt somit deutlicher und klarer.«*
>
> Pivo Deinert, Produzent, Musiker und Autor[11]

Warum solltest du auf ein USB-Mikrofon verzichten und stattdessen auf ein analoges setzen? USB ist doch so viel einfacher, denkst du jetzt vielleicht. Viel hängt aber wirklich davon ab, wie du arbeitest. Hast du Gesprächspartner*innen oder nutzt du einen Recorder? Dann kommst du nicht um ein analoges Mikrofon herum. Manchmal stellt sich auch die Frage, ob du Equipment, das du aus anderen Zusammenhängen hast, auch zum Podcasten verwenden kannst. Klar! Ich verwende zum Beispiel relativ oft, wenn ich auf Reisen bin, mein Gesangsmikrofon aus Schülerbandzeiten. Mein (dynamisches) Shure SM58 ist unkaputtbar und hat einen schönen satten Sound.

Vor allem nimmt es kaum Raumgeräusche auf. Ich habe es in so manchem Hotelzimmer aufgebaut und war immer äußerst zufrieden. Mit einem Windschutz aus Schaumstoff ausgerüstet, geht es auch mit P- und S-Klängen sehr gut um. Ich bin nicht der Einzige, der auf den Shure-Klassiker zurückgreift. Selbst der erfolgreiche Podcaster, Autor und Berater Timothy Ferriss setzt unterwegs häufig auf diesen guten Allrounder. Es darf also manchmal auch einfach sein. Viele Sprecher*innen und Sänger*innen haben Lieblingsmikrofone, denen sie über Jahre vertrauen und natürlich gerne für ihre Podcasts einsetzen wollen. Nur zu!

Beliebte analoge Podcast-Mikrofone

Typenbezeichnung	Kondensator/dynamisch	Preis*
Shure SM 58	dynamisch	96,00 Euro
Shure SM 7B	dynamisch	398,00 Euro
Røde Procaster	dynamisch	165,00 Euro
Røde NT-1A	Kondensator	168,00 Euro
Maranz Professional MPM 1000	Kondensator	49,00 Euro

Der Podcaster und Podcast-Produzent Hauke Wagner und ich verwenden gerne das Shure SM7B. Dieses dynamische Mikrofon ist ein Klassiker. Wer, wie ich, mit großen Augen und glücklichen Ohren den Begleitfilm zu Bruce Springsteens Album *Letter to You* gesehen hat, mag entdeckt haben, dass »der Boss« mit genau diesem Mikro arbeitet. Der satte und warme Sound hat aber natürlich seinen Preis, denn das Shure liegt bei knapp 400 Euro. Zudem ist das Gerät auch nicht ganz ohne seine Tücken. Es benötigt zum einen Phantomstrom für den Betrieb (48 V) und das Signal, das es ausgibt, ist etwas dünn – ein Vorverstärker muss also her. Hauke nutzt die Fethead-Variante für ca. 130 Euro. Im Podcast-Studio von ASK.Berlin setzen wir auf die Cloudlifter-Pre-Amps für 163 Euro. In meinem Heimstudio habe ich einen

Vorverstärker von IMG (MPR1) für knapp 50 Euro zwischen Mikrofon und Recorder gesteckt und bin wirklich zufrieden.

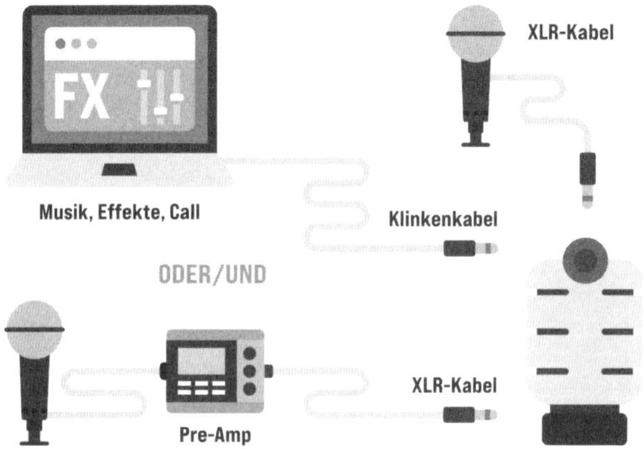

Mein Homestudio-Set-up

Im Studio von ASK.Berlin halten wir zwei unterschiedliche Mikrofontypen bereit: Für professionelle Sprecher*innen verwenden wir gerne die präzisen und empfindlichen Røde NT-1A-Kondensatormikrofone. Sie nehmen jeden kleinen Windzug und jeden noch so feinen Raumklang auf. Daher ist es für geübte Synchronsprecher*innen – in einem soundoptimierten Tonstudio – gut geeignet und liefert einen glasklaren Klang. Für Amateur*innen, Schauspieler*innen und Sänger*innen nutzen wir gerne die SM 7Bs. Sie verzeihen weitaus mehr und liefern eine »wohlig warme« Stimmfarbe. Gerade wenn die Räumlichkeiten nicht mit Schallabsorbern und Defusern ausgestattet sind, eignen sich dynamische Mikros gut, da sie wenig vom Raumklang (Hall etc.) aufnehmen. Der Nachteil: Die Sprecher*innen müssen mit dem Mund relativ nah ans Mikrofon, um den idealen Aufnahmebereich der Tonkapsel auszunutzen. Gerade ungeübte Podcaster finden diese Nähe unnatürlich und vergessen in der Hitze des Gefechts oft, sich daran zu halten. Gehen sie zu weit weg, verlieren die dynamischen Mikrofone schnell an Schalldruck. Dieses Problem haben die Kondensatormikros von Røde nicht. Sie nehmen »alles« auf! Da kann man als Sprecher*in auch schon mal mit dem Kopf wackeln.

Es ist also häufig eher ein Ausprobieren, welches Mikrofon zu welchem Podcaster passt. Idealerweise testest du bei Freund*innen oder im Laden dein Mikrofon aus. Alle Onlinehändler nehmen Ware klaglos zurück, wenn man sich mal ›verkauft‹ hat, das gibt ihnen das Widerrufsrecht von 14 Tagen vor, inzwischen bieten denselben Service aber auch viele stationäre Händler an.

Der erste Anhaltspunkt für die Entscheidung, ob ein dynamisches oder Kondensatormikro für dich das richtige ist, sollte der Raumklang sein, indem du aufnimmst. Hast du einen ruhigen Raum mit wenig Nebengeräuschen und Hall, kannst du dich frei entscheiden. Nimmst du zum Beispiel in einem Raum auf, in dem Geräusche durch die Fenster dringen oder durch harte Fußböden und wenig Möbel ein Hall zu vernehmen ist, solltest du bei deiner Suche mit einem dynamischen Mikrofon beginnen. Am einfachsten kannst du den Raumklang testen, indem du einmal laut in die Hände klatschst. Du wirst schnell merken, ob du ein Hallproblem im Raum hast.

SMARTPHONE, STAND-ALONE-RECORDER ODER LAPTOP?

Die Frage nach dem richtigen Aufnahmegerät für deinen Podcast stellt sich natürlich ebenso wie die nach dem passenden Mikrofon. Auch hier lautet die erste Frage: Wie sehen dein Podcast und deine Arbeitsweise aus? Alle modernen digitalen Aufnahmegeräte klingen gut und liefern verwendbare Audiodateien. So viel schon mal vorweg. Natürlich gibt es dabei zahlreiche Feinheiten, in denen man sich verlieren kann. Sampleraten, Kompressoren, eingebaute Vorverstärker und vieles mehr kann man sich anschauen und beim Kauf berücksichtigen. Meine Empfehlung ist aber auch an dieser Stelle, sich weder »arm zu kaufen« noch sich vom Podcasten abhalten zu lassen, weil man sich in langen technischen Vergleichstabellen, YouTube-Videos und Blogbeiträgen verheddert. Nimm das Gerät, das zu deinem Bedarf und Budget passt.

Lass uns gemeinsam die unterschiedlichen Optionen durchgehen, um zu sehen, welches Gerät für deinen Podcast das richtige ist.

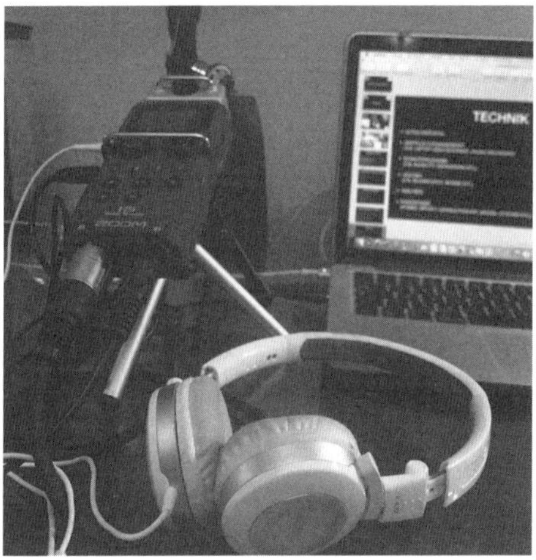

Mein Homestudio (ZOOM H5) im Einsatz in einem Hotelzimmer

Das Smartphone

Die günstigste Variante ist das Smartphone, da es für die meisten von uns keine zusätzliche Anschaffung bedeutet. Mit einem guten Mikrofon und der dazu passenden App steht einer qualitativen Aufnahme wenig im Weg. Diese Aufnahmeweise eignet sich besonders gut für Podcaster, die ausschließlich alleine vor dem Mikrofon sitzen. Sobald es darum geht, mit Gesprächspartner*innen zu arbeiten, stößt dieses Set-up schnell an seine natürlichen Grenzen.

Die Aufnahme mit dem Smartphone hat neben den Argumenten »günstig« und »einfach« noch einen weiteren Vorteil: Es gibt inzwischen genügend Podcast-Hosts und -Portale, die darauf ausgelegt sind, die Podcast-Folgen direkt vom Telefon hochgeladen zu bekommen. Die App von www.anchor.fm bietet zum Beispiel einen kompletten Handy-Workflow von der Aufnahme über die Nachbearbeitung, das Hosting, die Distribution bis hin zur Social-Media-Bewerbung deines Contents. Auch eher klassische Hoster wie www.soundcloud.com haben ihre Angebote der Smartphone-Ära angepasst und lassen direkte Uploads zu.

Das Set-up ist technisch denkbar einfach. Es gibt viele externe Mikrofone, die sich direkt oder per Adapter an Smartphones anschließen lassen, siehe vorheriges Kapitel. Es lohnt sich, bei der Anschaffung eines Mikrofons auf namhafte Marken zurückzugreifen. Gerade im Bereich des Smartphone-Zubehörs ist viel »Billigschrott« dabei. Die Anbieter der eher hochwertigen Mikrofone, die du auf den vorherigen Seiten kennengelernt hast, haben ihre Sortimente auf den Handymarkt erweitert. Allen voran sind hier die Hersteller Shure und Røde zu nennen. Sie bieten wirklich beindruckende kleine Mikros, die aus deinem Telefon einen hochwertigen Podcast-Recorder machen. Preislich sind sie auch eher im unteren Mittelfeld angesiedelt.

Ich selbst arbeite mit dem Shure MV88 für 139 Euro. Der Vorteil dieses Mikrofons ist es, dass es eine kostenlose App gibt, mit der sich die Funktionen des Geräts komfortabel steuern lassen. In der MOTIV-Audio-App wählst du den Mikrofontyp aus und kannst dann diverse Einstellungen vornehmen, die der Aufnahmesituation sowie dem gewünschten Sound entsprechen. Du kannst den Aufnahmepegel manuell einstellen und die Aufnahmequalität festlegen (Sample-Rate). Du kannst zusätzlich Kompressoren zuschalten, Windgeräusche unterdrücken und den Aufnahmewinkel des Mikrofons einstellen. Das heißt, du kannst ihn eng halten, sodass nur der Klang direkt vor dem Mikro aufgenommen wird, was seitliche Nebengeräusche reduziert. Diese Einstellung ist ideal für Solo-Podcaster, die direkt ins Mikrofon sprechen. Willst du mit einer*m Gesprächspartner*in eine Aufnahme machen, kannst du den Aufnahmewinkel erweitern – wie bei einem Weitwinkelobjektiv deckt das Mikrofon dann eine breitere Fläche ab, sodass die Stimmen von zwei Personen gut hörbar aufgenommen werden können. Du »klappst« den Winkel einfach per Fingerzeig so weit auf, wie du ihn brauchst. Für alle, die sich nicht sicher sind, welche Einstellung richtig ist, gibt es eine kleine Auswahl an Voreinstellungen, die zu typischen Aufnahmesituationen passen. So findet sich ein Pre-Set für Sprachaufnahmen oder eine für Musik. Das ist alles nicht das, worüber sich ausgebildete Tontechniker*innen freuen, aber für Einsteiger*innen oder für die schnelle Aufnahme auf Reisen sind diese Optionen Gold wert. Ach, und eine Aufnahmetaste hat die App natürlich ebenfalls. Du kannst also deine Folgen direkt innerhalb der App aufzeichnen und hast beim Sprechen den Aufnahmepegel jederzeit im Blick.

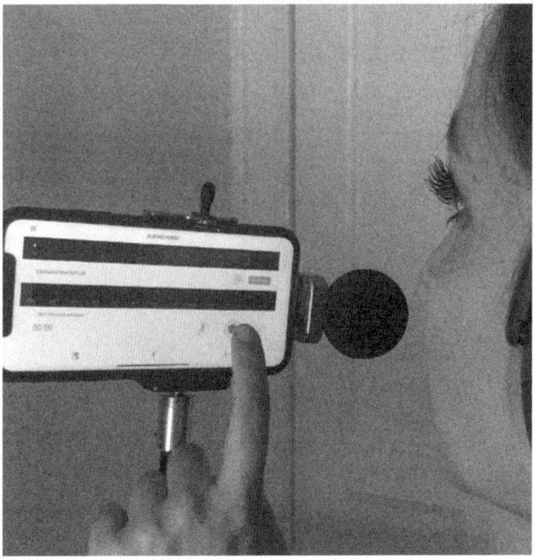

Podcast-Aufnahme mit dem Smartphone

Es ist in letzter Zeit ein deutlicher Trend hin zu smartphone- und tablet-basierten Audioproduktionen zu erkennen. Am einfachsten sieht man das daran, dass die großen Mikrofonhersteller ihr Produktportfolio für den mobilen Einsatz kontinuierlich erweitern. Eine spannende Entwicklung ist auch die Entwicklung von Audiointerfaces, mit denen analoge Mikrofone nicht nur an den USB-Anschluss am Laptop angeschlossen werden können, sondern auch an ein Smartphone oder Tablet. Das bedeutet, dass du nicht mehr nur auf designierte Smartphone-Mikros angewiesen bist, sondern mit so einer Schnittstelle deine Lieblingsmikrofone (dynamisch oder Kondensator) per XLR-Kabel an dein Smartphone anschließen kannst. Das Shure MVI Digital Audio Interface kostet derzeit 150 Euro.

All diese Möglichkeiten sind spannend und zeigen, in welche Richtung sich die Reise des Podcastings für viele Content Producer entwickelt – vermehrt unterwegs, immer schneller und möglichst unkompliziert. Wenn es dann auch noch günstiger sein soll, kann man die mit dem Telefon gelieferten Kopfhörer benutzen, denn sie haben ein Mikrofon eingebaut, das zwar nicht großartig ist, aber dennoch erstaunlich klare Aufnahmen ermöglicht.

Wer mit dem Smartphone produzieren möchte, sollte sich aber nichts vormachen. Auch wenn das Aufnahmegerät klein, kompakt und immer dabei ist, müssen die Rahmenbedingungen, die ich im nächsten Abschnitt »Raumklang« bespreche, auch hier mitgedacht werden. Denn ein halliger Raum mit Nebengeräuschen ist immer nervig – egal, ob du mit deinem Smartphone oder einem anderen Gerät aufnimmst.

Wenn du dich für die Aufnahme mit dem Smartphone interessierst, weil du (vorerst) kein zusätzliches Geld ausgeben möchtest oder kannst, sind die Tipps für externe Mikrofone oder Interfaces für dich sicherlich nicht sonderlich hilfreich. Du fragst dich jetzt: Kann ich nicht einfach mit dem Telefon podcasten – ohne den ganzen anderen technischen Schnickschnack? Ja, das geht! Die Tonqualität wird nicht das Niveau eines professionell produzierten Podcasts erreichen, aber du kannst dennoch einen erfolgreichen (und gut klingenden) Podcast an den Start bringen, wenn du ein paar Aspekte beachtest. Hier sind sieben Tipps für Podcaster, die (allein) mit dem Smartphone arbeiten möchten:

1. Nutze eine App, die dir manuelle Kontrolle über den Aufnahmepegel erlaubt und ggf. Stimmverbesserer wie Kompressoren anbietet. Die vorinstallierte Sprachmemo-App ist besser als nichts, aber sie bietet keine weiteren Optionen an.

2. Sprich direkt in das Mikrofon. Der Abstand sollte in etwa dem entsprechen, den du beim Telefonieren zum eingebauten Mikro hast – eine Handbreite ist also ideal. Die Mikrofone in modernen Smartphones sind erstaunlich gut und für die Sprachaufzeichnung optimiert, sie nehmen jedoch bei zu großem Abstand zu viel vom Raumklang mit auf, was den Sound rauschig und hallig klingen lässt.

3. Halte das Smartphone bei der Aufnahme nicht in der Hand. Lege es zum Beispiel auf einen Bücherstapel vor dir oder klemme es in ein Stativ. So vermeidest du Geräusche, die deine Hand am Gerät erzeugen kann, gewährleistest aber, dass du immer denselben Abstand zum Mikrofon beibehältst – so bleibt die Aufnahmequalität und -lautstärke konstant.

4. Wenn du draußen aufnimmst, vermeide Wind! Kaum etwas klingt schlimmer im Kopfhörer als Wind auf dem Mikrofon.

5. Nutze die ungewöhnliche Aufnahmesituation, um die Aufmerksamkeit deiner Hörer*innen zu gewinnen. Beschreibe, wo du gerade deine Folge aufnimmst und die Welt um dich

herum. Beziehe Nebengeräusche in deine Moderation ein. Erzähle aus deinem Leben als Smartphone-Podcaster, der*die anders arbeitet als andere. Orientiere dich an den Vloggern der YouTube-Welt. Die wackeligen Kamerabilder und die hemdsärmelige Produktionsweise ist nichts für das klassische Fernsehpublikum. Aber schau doch mal, wie erfolgreich Vlogger wie Casey Neistat und Co. sind, obwohl sie keine perfekten Bilder liefern. Ihr Schlüssel zum Erfolg sind Persönlichkeit, Unverwechselbarkeit und coole Geschichten. Dein Podcast kann genau diese Logik auf die Audiowelt übertragen. Traue dich also ein*e Pionier*in zu sein und Neues zu wagen.

6. Wenn du drinnen aufnimmst, sorge für einen ruhigen Raum, den du möglichst schalloptimieren kannst. Wenn das nicht geht, lege dein Smartphone in einen Kleiderschrank und nimm so auf. Deine Kleidung dient als Geräuschabsorber. Viele Radioreporter*innen, die unterwegs schnell eine Tonspur einsprechen müssen, verkriechen sich zum Beispiel unter einer dicken Jacke und bauen sich so ein kleines Mini-Zelt-Studio. Für ein paar Minuten ist das eine gute Idee, denn Außengeräusche werden gedämpft und unter der Jacke kann kein Hall entstehen. Es ist aber auch ziemlich anstrengend, weil die Luft schnell knapp wird und man sich ziemlich merkwürdig vorkommt, wenn man so zum Beispiel auf einer Parkbank sitzt und in freier Wildbahn deutlich hörbar eine Podcast-Folge aufnimmt. Naja, wenigstens bleiben dir unter der Jacke die verwirrten Blicke deiner Mitmenschen erspart.

7. In einem Podcasting-Kurs überraschte mich ein Teilnehmer mit einer großartigen Idee: In der Selbstarbeitsphase schnappte er sich sein Smartphone, stöpselte die Kopfhörer in die Ohren und machte einen Spaziergang – anstatt aber einen Podcast zu

hören, nahm er einen auf. Er nutzte das in den Kopfhörer eingebaute Mikrofon und nahm seine Hörer*innen mit auf seinen Spaziergang. So lief er durch Berlin und erzählte von allem, was er sah. Er lief an historischen Orten und Gedenktafeln vorbei und schilderte die geschichtlichen Zusammenhänge, er teilte Geschichten aus der Vergangenheit, die er mit den Orten, die er besuchte, verband. Als Historiker teilte er so sein Fachwissen. Als Mobil-Podcaster ließ er die Hörer*innen seinen Spaziergang miterleben. Klar, der Sound war ausbaufähig, aber die Idee grandios und so die Tonqualität schnell vergessen, weil das Klangerlebnis und seine Geschichten einen so fesselten. Der Seminarteilnehmer hatte sich alle meine technischen Tipps angehört – und dann geflissentlich ignoriert. Das Ergebnis: ein tolles Podcast-Konzept, auf das ich nie gekommen wäre und ein Hörspaß, der die anderen Teilnehmenden und mich aus den Socken haute.

8. Trau dich, neue Wege zu gehen! Das Smartphone erleichtert es dir durch die einfache Handhabung und die Tatsache, dass man es immer dabei hat, ganz neue Ideen auszuprobieren. Du brauchst kein Equipment kaufen oder mitschleppen. Die Menschen gucken heutzutage nicht mehr komisch, wenn du mit Kopfhörern in den Ohren redend an ihnen vorbeiläufst – telefonierende Menschen sind nun wirklich kein ungewöhnlicher Anblick. Und dass du nicht telefonierst, sondern einen preisverdächtigen Podcast aufnimmst, weiß ja niemand.

Mobilgeräte

Ich erinnere mich noch an einen Norwegenurlaub, den ich im Alter von 19 Jahren mit meinem Kumpel Torben machte. Wir waren mit einem Wohnmobil unterwegs und es regnete wochenlang. Was anfänglich noch abenteuerlich und gemütlich war, führte nach circa 48 Stunden WoMo-Knast zu einem ziemlichen Lagerkoller. Um uns gegenseitig nicht völlig in den Wahnsinn zu treiben, vertrieben wir uns die Zeit mit einem mitgebrachten Diktiergerät. Ich hatte es eigentlich dabei, um Songideen aufzunehmen, aber es wurde schnell zu einer lebensrettenden Spaßmaschine. Wir Abiturienten begannen, damit ein Reisetagebuch auf die kleinen Minikassetten zu sprechen. Erst unbeholfen und nicht so recht wissend, wie die Schnapsidee, mittels des »Diktafons« der Enge des eingeregneten Campinggefährts zu entkommen, umgesetzt werden könnte. Wir wurden also albern, rissen blöde Sprüche, spielten Interviews und führten wilde Diskussionen über Belangloses – und bannten alles auf Magnetband. Es wurde immer bekloppter.[12] Die Kassette war schnell zu Ende. Umdrehen, weitermachen! Wie lang ist so ein Band? Egal! Noch einmal umdrehen, auf »Aufnahme« drücken und weiterblödeln! Es regnete immer noch. Weiter, weiter, weiter. Zwei Kerle, ein Mikrofon und viel zu viel Zeit! Mit diesem kleinen Kassettenrecorder entstand das, was man oft im Netz findet, wenn man nach Podcasts sucht: Menschen, die einfach aus Jux und Dollerei auf den Aufnahmeknopf drückten. Die kinderleichte Bedienung des Geräts, die Robustheit und die geringe Größe des Recorders machten es uns leicht, die beknackte Idee mit wenig technischen Hürden in die Tat umzusetzen.

Leider gibt es die alte Kassette aus Norwegen nicht mehr. Was würde ich dafür geben, sie im Keller zu finden. Aber ich habe vergeblich gesucht. Auch der kleine Recorder ist nicht mehr auffindbar. Vor Jahren verschwand er auf einem Flohmarkt für ein paar Euro. Was geblieben ist, ist die Erinnerung an ein großartiges Aufnahmeerlebnis mit einem kleinen Taschenrecorder.

Als ich mich auf die Suche nach einem passenden Podcast-Recorder für mein Heimstudio machte, googelte ich mich durch das Internet und stieß auf eine Produktpalette, die wohl als digitale Urenkel meines damaligen Diktiergeräts gelten können. Die mobilen

Digitalrecorder gibt es in einer kleinen Ausführung, die der Handhabung und der Ästhetik der Diktiergeräte von früher ziemlich nahekommen. Aber davon kann man getrost die Finger lassen, denn jedes Smartphone spielt diese Geräte locker an die Wand. Aber es gibt auch ein, zwei Gewichtsklassen höher. Diese, immer noch mobilen, jedoch etwas klobigeren Aufnahmegeräte sind vollwertige Podcast-Studios, obwohl sie immer noch locker in jede Aktentasche passen.

Zur üblichen technischen Ausstattung zählen gute eingebaute Mikrofone und zusätzliche Mikrofoneingänge für mehrere analoge Mikrofone. Per Klinken- oder XLR-Kabel kannst du problemlos die bereits erklärten dynamischen und Kondensatormikrofone anschließen. Meist nehmen diese Geräte die Aufnahmen auf SD- beziehungsweise microSD-Karten auf, wie du sie aus Digitalkameras kennst. Und das Beste daran: Alle Mikrofone werden auf getrennten Spuren aufgenommen, die dann im Nachgang unabhängig voneinander bearbeitet werden können. Dank eines integrierten Time-Codes sind alle Spuren automatisch synchronisiert und laufen in deinem Schnittprogramm zeitlich parallel ab. Um sie bearbeiten zu können, nimmst du einfach die Karte aus dem Gerät und steckst sie in deinen Laptop. Viele Recorder erlauben auch den Datentransfer per USB-Kabel.

Dieses Kabel ist auch der Schlüssel zu einem weiteren Vorteil dieser hochgezüchteten Diktiergeräte. Du kannst deinen Digirecorder (in den meisten Fällen) problemlos als Audiointerface an deinen Laptop anschließen und dann die eingehenden Mikrofone direkt (und in getrennten Spuren) auf deinem Rechner aufnehmen. Dafür eignet sich beispielsweise die kostenlose Software Audacity, aber auch alle kostenpflichtigen Schnittprogramme. Diese Arbeitsweise erspart dir den Datenimport und macht die Bedienung noch komfortabler. Ein solches Set-up ist sicher eher eine Heimstudiovariante. Mit den beschriebenen Digitalrecordern kannst du aber komplett ohne Rechner arbeiten und alles, was du für deine Aufnahmesessions brauchst, passt in eine kleine Tasche. Betrieben werden diese Geräte mit Batterien oder per Stromkabel.

Aber was kostet so ein kompaktes Podcast-Studio? Firmen wie Zoom, Tascam, Røde, Olympus und Philips bieten Geräte zwischen 150 und 450 Euro an. Die Preise variieren natürlich je nach Geräteausstattung. Als ich mich entscheiden musste, welchen Recorder ich kaufe, habe ich mir die folgenden Fragen gestellt:

1. Wie viele Aufnahmespuren brauche ich?

2. Was hoch ist mein Budget?

3. Möchte ich gerne physische Knöpfe bedienen oder ist mir eine optische Menüführung über ein Display lieber?

Für mein Homestudio habe ich mich für den Zoom H5 Handy Recorder entschieden. Das Gerät bietet zwei kombinierte XLR-Klinkeneingänge. Damit konnte ich alle meine Mikrofone weiterverwenden. Zusätzlich hat der Recorder zwei eingebaute Mikrofone, die für Stereoaufnahmen im Raum geeignet sind. Alle Kanäle können über Drehknöpfe gepegelt werden. Ich kann also beim Soundcheck und während der Aufnahme einfach die Regler nach links oder rechts drehen, um die Eingangslautstärke anzupassen. Preislich liegt das Gerät derzeit bei 229 Euro. Die Vorverstärker sind etwas schwach, sodass mein Shure SM7B einen zusätzlichen Pre-Amp benötigt. Ansonsten hat das Gerät alles, was ich für meine Podcast-Produktionen benötige.

Im Studio von ASK.Berlin benötigen wir mehr Spuren und haben uns für das größere Zoom H6 entschieden, denn damit lassen sich vier Mikrofone anschließen. Theoretisch lassen sich H5 und H6 mit einem Zusatzgerät um weitere Spuren erweitern, da es nur an den Multistecker angeschlossen werden muss. Aber bei reinen Audioformaten wie Podcasts sind vier Stimmen das Maximum, was man als Hörer*in zugemutet bekommen sollte – zu schwer ist es, die Stimmen der Podcaster ohne visuelle Hilfe auseinanderzuhalten. Auch Hauke Wagner verwendet das H6, wenn er sein mobiles Studio bei seinen Gesprächspartner*innen aufbaut.

Bei ASK.Berlin haben wir lange überlegt, welches Gerät wir anschaffen sollten. Im Studio ist genug Platz für größere und schickere Hardware, aber wir wollten ein Gerät, das sowohl im Studio als auch unterwegs einsetzbar ist. Oft bitten Kund*innen uns, zu ihnen zu kommen und die Podcasts vor Ort zu produzieren. Das Studio ist somit fix im Rucksack verpackt und los geht es zum Mobileinsatz. Und das Gute dabei: Das Gerät liefert – trotz bescheidenem, kompaktem Auftreten – einen Hammersound, der die Nachbearbeitung einfach gestaltet. Es muss nicht das riesige Gerät sein, um amtliche Ergebnisse zu garantieren. Die Magie steckt in den Mikrofonen und in der Raumakustik.

Die mobilen Geräte sind nicht direkt für Podcasts gebaut, auch wenn sie von vielen Hosts dafür mit Freude genutzt werden. Sie finden ebenfalls Verwendung im Journalismus, bei Videoarbeiten und Konzertmitschnitten. Dank der derzeitigen Podcast-Welle erscheinen in letzter Zeit immer weitere Geräte auf dem Markt, die sich noch mehr an den Bedürfnissen von Podcastern orientieren. Vermehrt bieten Recorder die Möglichkeit, das Smartphone zu koppeln, um Telefonanrufe unkompliziert in den Podcast zu integrieren. Gerade der Hersteller Røde bemüht sich sehr, sich in die Arbeitsweisen von Podcastern hineinzudenken. So bietet das Rødecaster Pro neben Schiebereglern und Smartphone-Anschluss sogenannte Triggerpads (bunt leuchtende, große Knöpfe), mit denen man bei der Aufnahme Toneffekte, Hintergrundmusik und Ähnliches starten kann. Über die mitgelieferte Software können allen Pads individuelle Sounds zugeordnet werden. Es bleibt spannend, in welche Richtung sich die Technik entwickeln wird.

Lass mich aber einen wichtigen Punkt wiederholen: Suche dir das passende Equipment aus, das dir hilft, dein Konzept umzusetzen, aber dennoch zu deinem Budget passt. Setze also auf Technik, die deinem Kreativprozess nicht im Wege steht und einfach zu bedienen ist.

Laptop

Wer nicht mit einem externen Recorder aufnimmt, sondern mit dem Laptop, verwendet in der Regel ein USB-Mikrofon und nimmt direkt in einer Schnittsoftware wie Audacity, Garageband, Adobe Audition oder Ähnliches auf. Die Podcaster Marcus Disselkamp und Kai Flockenhaus arbeiten so und sind zufrieden. Aber dieses Aufnahme-Set-up hat seine Grenzen, denn die meisten Laptops lassen nur ein USB-Mikrofon zu. Wer also mehrere Gesprächspartner*innen parallel aufnehmen will, kommt an einem Audiointerface nicht vorbei.

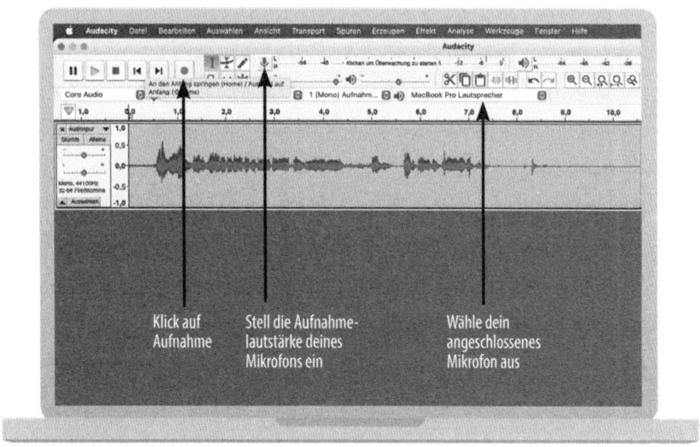

Aufnahme eines Podcasts direkt in der Editing-/Aufnahmesoftware Audacity

Bevor mir hier jemand widerspricht: Ja, es gibt Menschen, die YouTube-Videos gepostet haben, die beweisen, dass man einen Laptop so hacken kann, dass man parallel mit zwei USB-Mikrofonen aufnehmen kann – das habe ich weiter oben bereits angedeutet. Aber warum sollte man sich auf diesen Weg begeben? Sicher, es macht Spaß, das Unmögliche zu ermöglichen und dann bei YouTube dafür Applaus zu bekommen. Naja, warum auch nicht. Jede*r braucht ein Hobby – so wie meines eben das Podcasting ist, statt meinen lieb gewonnenen Laptop zu überlisten.

Zurück zum üblichen Weg, mehrere Mikrofone mit einem Laptop zu verbinden: Es gibt viele Audiointerfaces auf dem Markt. Ihre Funktion ist relativ simpel erklärt, denn die kleinen Kisten bieten Anschlüsse für analoge Mikrofone (i. d. R. XLR und/oder Klinke) an. Das analoge Mikrofonsignal wird im Gerät in ein digitales umgewandelt und über ein USB-Kabel an den Rechner weitergegeben.

Im Prinzip gibt es zwei Arten dieser Analog/Digital-Schnittstellen: einfache mit Mikroanschlüssen, bei denen oft zusätzlich Gain-Regler vorhanden sind, mit denen sich die Eingangssignale der Mikrofone anpassen lassen. Zudem gibt es häufig die Zusatzfunktion einer Phantomspeisung, damit Mikrofone mit Strombedarf direkt versorgt werden können. Ein willkommenes, aber meist unsichtbares Feature sind die eingebauten Vorverstärker, die einige Geräte aufweisen.

Die zweite Klasse der Interfaces sieht auf den ersten Blick aus wie ein Mischpult, das man so von Konzerten kennt. Es gibt Lautstärkeschieber, Equalizer, mit denen Höhen, Mitten und Bässe geregelt werden und viele andere kleine, aber feine drehbare Knöpfe. Sicher kann man diese USB-Mischpulte hervorragend für eine Podcast-Produktion nutzen, aber meist sind diese Geräte eher bei komplizierteren Aufnahmen – wie Musik – im Einsatz. Wenn du so ein USB-Mischpult hast, nutze es ruhig, denn es kann viel und sieht professionell aus. Aber du wirst schnell merken, dass du sowieso nur die Lautstärkeregler benutzt – und daher reicht auch ein einfaches Interface.

Bei der Suche nach einem passenden Audiointerface für Laptops trifft man häufig auf Firmennamen wie Behringer, Focusrite und

Steinberg. Preislich bewegen sich diese Geräte zwischen 70 und 200 Euro.

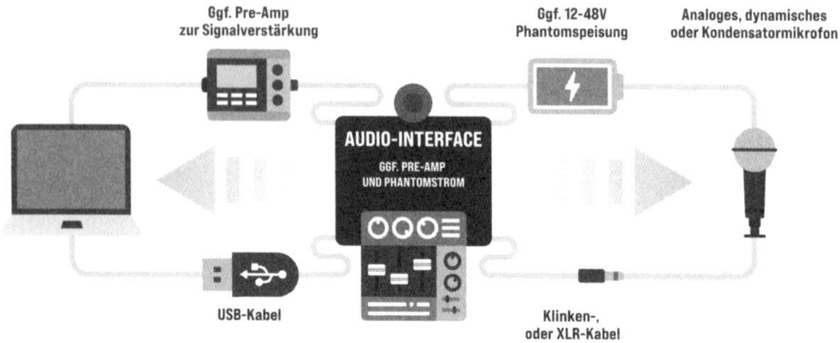

Anschluss eines analogen Mikrofons an den Laptop

Wenn du bereits einen Digitalrecorder wie ein Zoom H6 hast, dann brauchst du keine gesonderte Schnittstelle. Diese Recorder fungieren als wirklich gute Audiointerfaces. Wenn ich mein Zoom H5 an meinen USB-Anschluss stecke, fragte es mich beim Einschalten, ob ich auf der SD-Karte aufnehmen wolle oder ob das Gerät als Audiointerface fungieren solle. Dann muss ich nur noch anklicken und es kann losgehen. Dafür muss kein Treiber oder etwas Ähnliches heruntergeladen werden, denn der Laptop erkennt das Gerät eigenständig und die Aufnahme kann beginnen.

Kopfhörer

Dieser Abschnitt des Technikkapitels wird der wohl kürzeste, denn: Du brauchst keinen Kopfhörer. Aber es gut, wenn du einen benutzt. Für die Aufnahme und für die Nachbearbeitung ist es hilfreich, wenn du genau zuhören kannst, was du aufgenommen hast. Es gibt viele Audioliebhaber*innen, denen der Schweiß auf die Stirn tritt, wenn ich den Bereich Kopfhörer so »nebenbei« behandle. Denn natürlich gibt es große Unterschiede bei der Qualität. Falls du also nach dem Kauf von Mikrofon und Aufnahmegerät (und Laptop) noch Geld übrig hast, gönne dir richtig schöne, hochwertige Kopfhörer (beispielsweise Sennheiser oder Bose). Es lohnt sich immer, aber falls dein Budget sich langsam dem Ende entgegenneigt, kannst du an dieser Stelle am einfachsten sparen, ohne die Qualität deiner Aufnahme zu gefährden.

Das Wichtigste ist, dass du ein klares Klangbild deiner Aufnahme bekommst – und dafür reichen gute Hi-Fi-Kopfhörer völlig aus. Nicht zu vernachlässigen ist hier jedoch der Tragekomfort. Du wirst als Podcaster viel Zeit mit deinen Kopfhörern verbringen. Wenn es drückt und kneift, wird es also schnell unangenehm. Außerdem ist es wichtig, dass du wirklich nur deine Aufnahme hörst und dich Außengeräusche nicht ablenken können. Gute Over-ear-Kopfhörer sind da hilfreich. Im ASK.Berlin Studio setzen wir auf die Marke Audio-Technica. Daheim klemme ich mir meine Sennheiser auf die Ohren und wenn ich unterwegs aufnehme, packe ich uralte AKG-Kopfhörer in meine Reisetasche, da diese schön kompakt zusammengefaltet werden können und kaum Platz brauchen.

Sinnvolles Zusatzequipment

Die Onlinehändler haben auch für Podcaster eine reichliche Auswahl. Es gibt so viel Zeug, das uns lockt, und so viele Tutorials und Blogartikel im Netz über Sachen, die wir *unbedingt* kaufen sollten.

Wenn du ein gutes Mikrofon gekauft, dich für eine Recording-Plattform entschieden und deine Kopfhörer auf den Ohren hast, bist du wirklich gut genug ausgestattet. Pass auf dein Taschengeld auf und vermeide Impulskäufe. Versuche, alle weiteren Kaufentscheidungen erst dann zu treffen, wenn du wirklich einen Bedarf erkennst. Mach ein paar Testaufnahmen und schaue, wie es läuft. Gibt es Probleme, die du noch nicht in den Griff bekommen hast? Meistens sind es

Kleinigkeiten, die dich stören, die du beheben möchtest, damit sich deine Aufnahmen besser anhören oder sich so deine Arbeitsweise angenehmer anfühlt.

Hast du zum Beispiel das Gefühl, dass du dich bei der Aufnahme immer verrenken musst, um direkt in dein Mikrofon zu sprechen? Das ist kein seltenes Phänomen. Vielleicht hast du dir ein schickes USB-Mikrofon gekauft, das gleich ein praktisches Tischstativ dabei hatte. Irgendwie klappt es aber nicht so recht, weil du zu groß bist und dich immer krümmen musst, um direkt ins Mikro sprechen zu können. Oder dein Homestudio ist (wie bei mir zu Hause) im Kleiderschrank. Du kommst nicht nah genug an das Mikro ran, wie du möchtest, weil du sonst deine Füße in den Schrank stecken musst. Dann kann es durchaus sinnvoll sein, ein zusätzliches Stativ zu kaufen, das dir das Mikro näher bringt, statt dich zu Verrenkungen zu zwingen. Ob du einen **Mikroständer** kaufst, wie du ihn von Bands auf Bühnen kennst, oder ob du in einen flexiblen **Mikro-Arm** investierst, liegt ganz allein an den physischen Gegebenheiten deines Studios.

Die Mikro-Arme sind praktisch, da sie flexibel verbogen werden können und die Bewegungsgeräusche nicht auf das Mikrofon übertragen. So kannst du dich auch beim Sprechen noch gemütlich einrichten. Es ist jedoch nebensächlich, für welche Stativlösung du für dich entscheidest, denn das Ziel ist es, dass du möglichst entspannt sitzen (oder stehen) kannst. Wer unbequem sitzt, atmet anders. Wenn du genau hinhörst, merkst du deiner Stimme an, wie wohl du dich fühlst. Wer zum Beispiel eingeknickt sitzt, dem fällt das freie Atmen schwerer, weil das Zwerchfell sich nicht wie üblich einsetzen lässt. Versuche, eine aufrechte und entspannte Sitzposition zu finden. Dabei kann dir das passende Stativ helfen – oder auch ein einfacher Bücherstapel, um das Mikrofon dort zu positionieren, wo du es brauchst. Als Faustregel gilt: Bringe das Mikro zu deinem Mund, nicht deinen Mund zum Mikro. Denke außerdem über einfache Lösungen nach und spare dir dein Taschengeld.

Gerade hochempfindliche Kondensatormikrofone müssen mit Vorsicht benutzt werden, weil sie jedes noch so kleine Störgeräusch mitnehmen. Erschütterungen sind da besonders nervig. Einmal mit dem Knie an das Tischbein gestoßen und schon rumst es in der Aufnahme. Aus diesem Grund werden die meiste Kondensatormikros mit einer sogenannten **Spinne** geliefert. Diese bestehen aus einer Reihe von Gummibändern und gebogenen Metallstäben. Sie sehen nicht nur professionell aus, sondern hängen dein Mikrofon mehr oder weniger frei schwebend auf. Stöße und Berührungen am Stativ oder dem Tisch werden kompensiert und somit physisch »stumm geschaltet«. Für dynamische Mikrofone sind diese Aufhängungen meistens unnötig. Gerade wenn du mit einem Bühnenmikrofon wie dem Shure SM58 arbeitest, sind keine weiteren Dämpfer nötig. Das Mikro ist für sich bewegende Sänger*innen gebaut, überträgt daher fast keine Griffwechsel und Bewegungen auf die Aufnahme. Es ist so unempfindlich, dass du es sogar bei der Aufnahme in der Hand halten könntest und im Großen und Ganzen »rumpelfrei« durch die Aufnahme kämst.

Kondensatormikros stellen gerade ungeübte Sprecher*innen vor weitere Herausforderungen: Atemgeräusche, S-Laute und sogenannte Plosivlaute wie P und B (aber auch D, T, K und G) führen zu unangenehmen Störgeräuschen in den Aufnahmen. Ausgebildete Sprecher*innen haben gelernt, die dadurch entstehenden Luftbewegungen entweder gar nicht erst entstehen zu lassen oder den Luftstrom gezielt am Mikrofon vorbeizuleiten.

Der Musiker Markus Siebert[13] verwendet ein Kondensatormikrofon mit Spinne und Popschutz bei seiner Aufnahme im Studio

Es gibt viele Übungen, um das Popgeräusch von Bs und Ps zu vermeiden. Ich habe im Phonetikseminar meines sprachwissenschaftlichen Studiums gelernt, welche Mechaniken im Mund und in der Atmung zusammenwirken, wenn diese Laute entstehen. Bs und Ps sind »bi-labiale Plosivlaute«. Sie entstehen durch Luftdruckaufbau in der Mundhöhle und die stoßhafte Freisetzung des Luftstroms. Dabei öffnen sich die beiden Stimmlippen schlagartig und lassen die Luft schnell entweichen. Beim B schwingen die Stimmbänder mit, beim P aber nicht. Dieser Luftstoß trifft dann direkt auf die empfindliche Membran des Mikros. Das Ploppen im Ohr kann die Hörer*innen richtig nerven. Um dies zu vermeiden, helfen Übungen, die den Luftdruck reduzieren, der beim Sprechen der Plosivlaute entsteht, oder den Luftstrom am Mikrofon vorbeileitet. Oder eben ein **Popschutz** für 10 bis 15 Euro.

Eine weitere sinnvolle Zusatzanschaffung sind alle Sachen zur Optimierung des Raumklangs. **Schallabsorber** gibt es in allen Größen und Formen. Höre deine Aufnahmen kritisch an. Hast du störende Raumechos auf dem Ohr, dann kümmere dich um die Lösung dieses

Problems. Hörst du keinen Hall, dann brauchst du auch keine Absorber. Na gut, vielleicht ein paar, damit deine Instagram-Fotos aus deinem coolen neuen Podcast-Studio professioneller aussehen. Ich gebe zu, dass meine Kleiderschranklösung keineswegs optisch ansprechend ist und wahrscheinlich ein paar Herzchen und Likes in der Social-Media-Welt weniger bekommen würde als ein paar schicke Schallmatten, die ganz laut »Podcast-Profi« rufen.

Remote-Aufnahmen

Einige Tipps zum Thema Podcast-Aufnahme mit Gesprächspartner*innen an unterschiedlichen Orten haben sich bereits in den vorherigen Abschnitten versteckt. Dennoch lohnt es sich, den Arbeitsprozess und das notwendige technische Set-up für Remote-Aufnahmesituationen noch einmal gesondert zu betrachten.

Nicht nur in Zeiten von Corona lohnt es sich, dass du dir Gedanken machst, wie du Gäste in deinen Podcast holst, ohne sie im selben Raum haben zu müssen. Allein die Zeitersparnis durch die Möglichkeit, über längere Distanzen gemeinsam aufzunehmen, ist im Wert kaum zu unterschätzen. Viele Gesprächspartner*innen haben im Zweifel kein Problem mit einer halben Stunde Interview, aber wenn dann noch Reisezeiten oder eine Produktion vor Ort hinzukämen, heißt es wahrscheinlich allzu oft: »Ach, nee, lass mal.« Also, öffne dich für die Möglichkeiten des Remote-Recordings.

Auch wenn du mit einem Co-Host gemeinsam an deinem Podcast-Projekt arbeitest, wirst du kaum um die Onlineaufnahme herumkommen. Zu viele spannende Podcasts versanden, weil die Alltagsorganisation einer regelmäßigen Produktion guten Contents im Wege steht. Host-Duos sollten sich gleich zu Beginn eine einfache, aber qualitativ hochwertige Arbeitsweise überlegen.

Lass uns den Bereich des Remote-Recordings in die beiden beschriebenen Szenarien aufteilen.

Szenario 1:

Du bist Host und holst dir deine Gäste online in dein Aufnahmestudio

Es gibt eine Reihe von Onlineplattformen, mit denen sich Podcast-Aufnahmen über Distanzen einfach umsetzen lassen. Voraussetzung für alle Remote-Aufnahmen ist eine stabile Internetverbindung.

Mit dem Smartphone oder Tablet

Arbeitest du mit deinem Smartphone oder Tablet, ist die Anchor-App der einfachste Weg, um eine gemeinsame Aufnahme aus der Ferne hinzubekommen. Die App erlaubt dir, eine neue Aufnahme zu starten und direkt eine*n Gesprächspartner*in einzuladen. Du klickst auf ein Icon und wartest, bis dein Gast wiederum auf den verschickten Link klickt. Der Rest ist noch einfacher, denn ihr sprecht miteinander und speichert am Ende das Gespräch ab. Die Nachbearbeitung mit Musik, Schnitt und Effekten geschieht dann direkt in der App.

Um die bereits ziemlich ordentliche Sprachqualität noch zu verbessern, nutzt du am besten ein externes Mikrofon, das sich an dein Gerät anschließen lässt. Deine Gäste werden in der Regel nicht so gut ausgestattet sein wie du. Aber die integrierten Mikros liefern schon eine ausreichende Qualität – und wenn du als Host einen professionellen Sound gewährleistest, verzeiht dir dein Publikum auch die nicht ganz so gute Klangqualität deines Gastes. Ich löse das Problem immer, indem ich meinen Hörer*innen die Aufnahmesituation transparent erläutere, denn das verschafft mir etwas Qualitätsspielraum. Wenn dann alles klappt, vergisst mein Publikum die Warnung, wenn aber die Leitung nicht ganz so gut ist, ich dies aber erläutert habe, statt so zu tun, als hätte ich es nicht gemerkt, ist das auch wunderbar. Das hat schlicht etwas damit zu tun, das eigene Publikum ernst zu nehmen.

Mit dem Laptop

Was die Mikrofonie angeht, gilt bei der Remote-Aufnahme per Laptop: Sorge an deinem Ende der Leitung für den bestmöglichen Sound (und hoffe, dass dein*e Partner*in ebenfalls ein gutes Mikrofon hat). Die Corona-Zeit dürfte die wohl furchtbarste Periode unserer Generation sein. Aber eine Sache hat sie bewirkt, über die wir uns als Podcaster ein wenig »freuen« können: Aufgrund der vielen Menschen, die sich zeitweise oder dauerhaft im Homeoffice befinden, sowie der Kontaktbeschränkungen mit unseren Freund*innen und Familien ist die digitale Kommunikation über Videokonferenzplattformen viel zugänglicher geworden. Im Laufe der Zeit haben viele bemerkt, wie unangenehm eine schlechte Tonqualität ist, daher haben immer mehr Menschen seit Beginn der Pandemie in Mikrofone und Webcams investiert. Kaum jemand spricht noch in das eingebaute Mikrofon des Laptops. Der Mindeststandard sind inzwischen mit Mikrofonen ausgestattete Kopfhörer geworden.

Im Frühjahr 2020 bekam ich am laufenden Band Fragen von Kolleg*innen und Freund*innen dazu, welches Mikrofon ich ihnen empfehlen würde. Die Gespräche drehten meist mehrere Schleifen, weil die Geräte, die ich empfahl, immer ausverkauft zu sein schienen. Inzwischen hat sich dieser Versorgungsengpass ein wenig aufgelöst und die Onlinekaufhäuser laden wieder zum (Mikrofon-)Shopping ein. Wenn du Glück hast, besitzen viele deiner Gesprächspartner*innen inzwischen ebenfalls ein Mikrofon. Falls nicht, solltest du sie vor Beginn der Aufnahme ein wenig beraten, um aus der Situation das Beste herauszuholen. Du kannst dir auch einen kleinen Textbaustein bereitlegen, den du bei der Vereinbarung eines Aufnahmetermins per E-Mail verschickst. Dann kann sich dein Gast schon vorab ein paar Gedanken zur Soundverbesserung machen. Weise dabei auf die Möglichkeit eines externen Mikrofons bzw. Mikrofonkopfhörers hin. Bitte darum, einen ruhigen Raum mit wenig Hall und Nebengeräuschen für die Aufnahme auszuwählen. Man wundert sich, wie unbedarft manche Gesprächsgäste bezüglich der Raumakustik sind. Da hilft zum Beispiel der Hinweis, nicht zu nah am Fenster zu sitzen. Die größte Sammlung an beeindruckend nervigen Nebengeräuschen hatte ich binnen eines Onlineseminars mit internationalen Teilnehmer*innen. Diese hörten sich meine Tipps zum Raumklang an, nickten artig und machten sich an die Produktion erster Test-Podcasts. Was ich neben großartigen Konzeptideen und klasse Stimmen zu hören bekam, war eine »Best-of Nebengeräusche featuring Monsterechos«. Ich lauschte ratternden Klimaanlagen, brummenden Kühlschränken, hörte Straßengeräusche und staunte über den beeindruckenden Hall in so manchem Podcast. Vieles war der Tatsache geschuldet, dass viele meiner Seminarteilnehmer*innen in Indien, Zypern oder anderen Ländern mit schönem Wetter lebten. Die meteorologische Schlussfolgerung aus Sicht der Podcaster: hohe Temperaturen = schlechter Sound. Neben Klimaanlagen, die bei 40 Grad Celsius nur schwer zu vermeiden sind, kommt hinzu, dass in heißen Ländern gerne Fliesen als Fußböden in Wohnungen und Büros verbaut werden. Zusammen mit Fenstern und Betonwänden hallt die Stimme natürlich prächtig durch die Räume – und somit ins Mikrofon. Interessanterweise: Keinem der Test-Podcaster waren diese Geräusche von selbst aufgefallen, denn sie gehörten so sehr zum Alltagssound ihres Lebens, dass sie gar nicht auf die Idee kamen, gegen sie eine Strategie zu entwickeln.

Wenn du mit deinen Gästen zur Aufnahme zusammenkommst, dann plaudere erst einmal ein wenig, bevor es richtig losgeht und eruiere, wie dein Gegenüber klingt. Idealerweise nimmst du das schon auf und hörst es dir mit Kopfhörern an, um ein präzises Klangbild zu erhalten. Wenn du Nebengeräusche oder einen Hall bemerkst, dann weise deinen Gast darauf hin und hilf ihm*ihr bei der Optimierung des Klangs. Manchmal hilft die Veränderung der Sitzposition oder ein Sofakissen hinter dem Laptop, damit die Schallwellen der Stimme gar nicht erst den Weg zur reflektierenden Wand finden. Oder du bittest darum, die Vorhänge vor dem Fenster zu schließen, um Außengeräusche abzudämpfen.

Wenn davon nichts funktioniert, bitte deinen Gast, möglichst direkt in das Laptopmikrofon zu sprechen. Die eingebauten Mikros werden automatisch gepegelt. Das bedeutet, wenn sie ein schwaches Tonsignal bekommen, regeln sie nach, um die Stimme lauter aufzunehmen. Dabei passiert ein unerwünschter Effekt: Nebengeräusche wie Raumrauschen, Hall etc. werden ebenfalls lauter aufgenommen. Da hilft nur, dem Mikrofon einen satten und direkten Ton zu geben. Bei vielen Laptops ist das Mikro in der Tastatur verbaut, dein Gast sollte also in diese Richtung sprechen.

Die meisten Videokonferenzplattformen, mit deren Hilfe du deine Gäste zum Gespräch treffen kannst, bieten eine Mitschnittfunktion an. Leider ist die gelieferte Qualität der Aufnahme nicht allzu gut und du erhältst nur eine Datei mit dem Gespräch statt getrennter Spuren, die du in der Postproduktion einzeln bearbeiten und aneinander angleichen kannst. Die beliebte Plattform Zoom macht den Mitschnitt äußerst einfach: Ein Klick und die Aufnahme läuft. Du bekommst am Ende ein Video und eine Audiodatei. Praktisch und verwendbar, aber qualitativ nicht großartig. Die Audiospur ist als .mp4-Datei zum Download leider nur sehr komprimiert verfügbar. Für eine gute Postproduktion benötigst du im besten Falle unkomprimierte und nach Spuren getrennte .wav-Dateien. Diese sind zwar viel größer, bieten aber ein wesentlich besseres Ausgangsmaterial für die weitere Verarbeitung.

Ich schlage daher Folgendes vor: Nutze entweder eine eigens für Podcasting konzipierte Aufnahmeplattform wie www.tryca.st oder www.soundtrap.com – bei beiden werden die Mikrofonsignale am jeweiligen Laptop aufgenommen, wo sie entstehen, im Anschluss an die Aufnahme synchronisiert und in guter Qualität in getrennten Spuren für die Weiterverarbeitung angeboten. Beide Plattformen sind nach etwas Übung relativ komfortabel zu bedienen. Idealerweise nutzt du dafür den Chrome-Browser von Google. Firefox, Explorer und Safari sorgen hier hin und wieder leider für Probleme – auch wenn die Entwickler*innen sicherlich bereits an der Lösung dieses Problems arbeiten.

Für deinen Gast sieht die Aufnahmesession relativ einfach aus. Denn er*sie bekommt von dir einen aus der Plattform heraus generierten Link geschickt, klickt darauf, aktiviert ggf. das Mikrofon und befindet sich dann aufnahmebereit mit dir im virtuellen Tonstudio.

Sowohl Tryca als auch Soundtrap bieten kostenlose Probeaccounts an. Wenn du dich für eine Plattform entschieden hast, kommst du an einem Abo leider nicht vorbei. Tryca schlägt mit 10 US-Dollar und Soundtrap mit 11,50 Euro monatlich zu Buche. Die wohl einfachste Plattform, die ich entdecken konnte, ist www.riverside.fm, wo man mit wenigen Klicks die Ton- und Videoverbindung zu seinem Gast aufbauen kann, um die Folge aufzunehmen. Das kleine Monatspaket kostet derzeit 17 Euro. Zum Ausprobieren kann das Tool eine Stunde kostenlos genutzt werden.

Bevor ich diese Plattformen entdeckt habe, sah mein Aufnahmeprozess anders aus: Ich nutzte meinen externen Zoom H5 Recorder, schloss meinen Laptop an den einen Anschluss an und mein Mikrofon an den zweiten. Dann rief ich meinen Gesprächsgast via Facetime von meinem Laptop aus an (zumindest, wenn es sich um Apple-User handelte). Wenn mein Gast nicht im Apple-Ökosystem zu Hause war, koppelte ich mein iPhone mit meinem MacBook und rief meine*n Gesprächspartner*in über die Telefonleitung an. Für Android- und Microsoft-Nutzer*innen bietet sich der Anruf zum Beispiel über Skype an. Der Laptop sendet dann das Tonsignal meines Gasts auf Kanal 1 meines Recorders und meine Stimme geht direkt auf Kanal 2. Auch wenn die Telefon- beziehungsweise Facetime-Leitung nicht ideal ist, so hatte ich viele ordentlich klingende Tonspuren meiner Gäste, die ich weiterverarbeiten konnte – meine eigene war ja eh sehr gut, weil ich direkt über den Recorder gehen konnte.

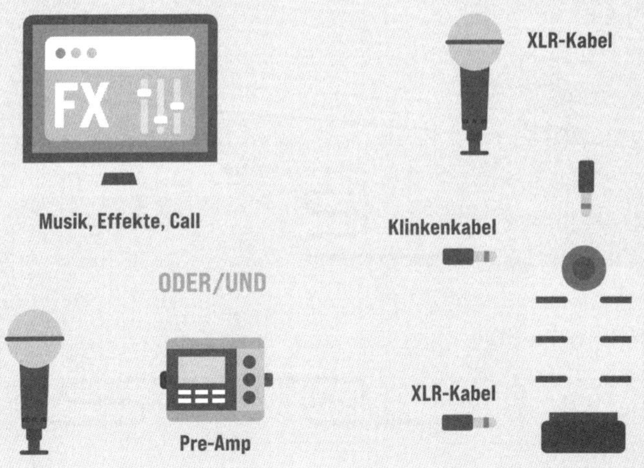

Remote-Aufnahme mit externem Recorder

Szenario 2:

Du hast einen Co-Host und ihr nehmt gemeinsam online-basiert auf

Für eine*n feste*n Gesprächspartner*in kannst du den oben beschriebenen Weg ebenfalls gehen. Viele Podcaster, die regelmäßig mit denselben Partner*innen arbeiten, kaufen sich ordentliche USB-Mikrofone und gönnen sich ein Abo auf einer der erwähnten Aufnahmeplattformen. Oder sie unterhalten sich per Zoom, Facetime oder Skype und nehmen parallel bei sich lokal eine saubere Spur mit einem externen Recorder auf, um dann im Anschluss die getrennt aufgenommenen Spuren in einem Schnittprogramm zusammenzuführen. So habe ich es zum Beispiel mit dem Musiker und Produzenten Pivo Deinert gemacht. Er saß in seinem Studio und ich daheim. Bei mir lief mein bescheidener Zoom-Recorder und bei ihm das voll ausgestattete Musikstudio. Wir sprachen über Facetime miteinander, nahmen aber getrennt voneinander lokal auf. Er schickte mir nach dem Gespräch seine Tonspur per WeTransfer zu. Ich synchronisierte beide Spuren in Audacity und hatte ein Ergebnis, das nicht besser gewesen wäre, hätten wir im selben Studio gesessen. Der Weg ist sicher etwas umständlicher, aber er liefert verlässlich gute Ergebnisse. Wenn du mit einem festen Co-Host aufnimmst, findet ihr schnell eine Routine und anfänglich unübersichtliche Arbeitsschritte gehen ebenso schnell in Fleisch und Blut über. Wenn ihr beispielsweise über zoom.us zusammenkommt, kannst du die interne Mitschnittfunktion als Back-up verwenden, falls etwas an dem ein oder anderen Ende mit der Aufnahme schiefgeht.

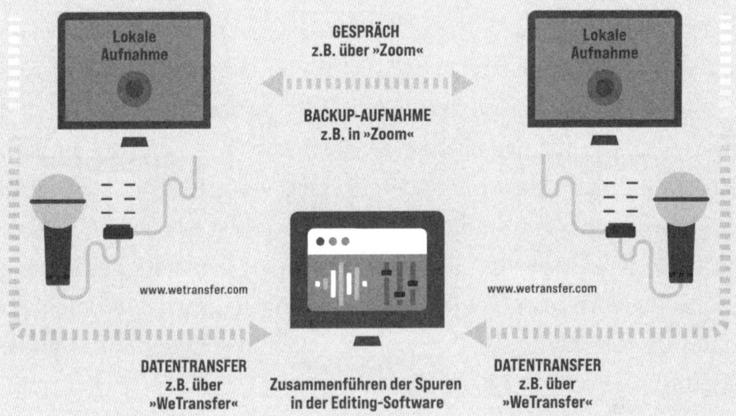

Getrennte lokale Aufnahmen werden in der Nachbearbeitung zusammengeführt

RAUMKLANG: WICHTIGER ALS JEDES MIKROFON!

Gute Mikrofone sind wichtig und es macht wirklich Spaß, sich eins auszusuchen und zu kaufen. Aber es ist fast noch wichtiger, sich Gedanken um den Raumklang zu machen. Je besser der Raum klingt, in dem du aufnimmst, desto einfacher holst du das Beste aus deinem schönen neuen Mikrofon raus.

Auch der FDP-Vorsitzende Christian Lindner podcastet wie viele Politiker*innen dieser Tage. Ich gehe fest davon aus, dass er kein Budgetproblem bei der Anschaffung eines geeigneten Mikrofons hatte. Dennoch klingt sein Podcast *1 Thema, 2 Farben,* als wäre er in einer leeren Bahnhofshalle aufgenommen. Repräsentative Büroräume mögen zwar beim Eintreten oder im Fernsehen beeindruckend sein, aber für eine Podcast-Aufnahme sind sie denkbar ungeeignet. Schicke Berliner Altbauwohnungen im Übrigen auch! Hohe Decken, harte Fußböden, große Fensterflächen, wenig weiche Möbel: All das ist optisch hübsch, aber furchtbar für die Ohren. Gekoppelt mit einem sensiblen Kondensatormikrofon sind dem halligen Sound keine Grenzen gesetzt.

Was aber tun, wenn man kein Profi-Podcast-Studio einrichten kann oder man für das eigene Projekt kein Budget für die stundenweise Miete hat? Die Antwort ergibt sich beim Blick in die Räume eines professionellen Studios. Bei ASK.Berlin ist das Studio in einen Raum eingebaut, der dafür optimiert wurde, Lautsprecherboxen zu testen. Der Vormieter des Raums, die Firma Teufel, hat wirklich alles getan, um den Klang der Luxusboxen nicht durch den Raum zu verfälschen.

Gehen wir nun die einzelnen Elemente gemeinsam durch und sehen, welche Logik hinter den Einbauten steckt.

Podcast-Studio von ASK.Berlin

Die Zimmerdecke

Sie ist niedrig und besteht aus Rigips. Das Material ist großporig und reflektiert somit kaum Töne. Die Schallwellen durchdringen den Gips und werden gebrochen. Durch die niedrige Deckenhöhe entsteht auch von vornherein kaum Echo, da sich die Schallwellen nicht groß ausbreiten und verselbstständigen können. Diesen Effekt habe ich schon in Zeiten meiner Schülerband 6 a.m. im Proberaum genutzt, in dem die Raumdecke mit Stoffbahnen abgehängt war. Die dicken Vorhänge ließen den Schall nach oben entweichen, brachen ihn und verhinderten eine direkte Reflexion. Zusätzlich absorbierte der dicke Stoff viel vom Klang. Auch Pivo Deinert betreibt in Berlin-Tempelhof ein kleines, aber feines Studio für seine Musikaufnahmen, wo er wie ich neben all dem teuren Hightech-Equipment auf einfache Do-it-yourself-Lösungen setzt. Ein paar Stoffbahnen helfen auch bei ihm, die Zimmerdecke akustisch zu optimieren.

Die Wände

Bei Pivo[14] und bei ASK.Berlin befinden sich Soundabsorber und Schalldiffusoren an den Wänden. Erstere schlucken die Schallwellen, während Letztere die Schallwellen brechen und diffus zurückstreuen. Somit wird zum einen das Echo in der »Menge« reduziert und der Rest wird so gestreut, dass sich kein Hall aufbauen kann.

Es gibt verschiedene Wandkonstruktionen zu kaufen, wovon einige sogar richtig schick sind, denn sie sehen fast wie Kunstinstallationen aus. Im Studio von ASK.Berlin zieren noch die Erbstücke von der Firma Teufel die Wände. Bei Pivo sieht es auch schick und professionell aus. Er hat sich aber auf seine eigenen handwerklichen Fähigkeiten verlassen, statt seine Kreditkarte zu zücken. Seine Absorber bestehen aus einem mit Dämmstoff gefüllten Holzrahmen, den er mit einem festen Stoff (Bühnenmolton) bezogen hat.

In meinem alten Proberaum hatten wir die kompletten Wände mit einer Holzrahmenkonstruktion versehen, auf die ein dicker Teppich geschraubt war – das hatten wir von unseren Vormietern geerbt. Da dieser Teppich stark nach den Überbleibseln von rauchbaren Rauschmitteln roch, verrate ich euch aber an dieser Stelle nicht, welche bekannte Hamburger Hip-Hop-Band den Raum vor uns gemietet hatte.

Allem Musikermief zum Trotz: Der Sound war super. Kein Hall im eigentlich aus Stahlbeton bestehenden Proberaum im Hochbunker in Hamburg-Horn.

Leif Neugeborn hat das Hallproblem mit einer einfachen, aber hübschen Lösung behoben. Er verwendet schallschluckende Paneele hinter sich an der Wand und einen Aufsatz auf dem Mikrofonständer, der halbrund hinter dem Mikrofon montiert ist. Dieser Kranz ist mit einer Schallabsorbermatte ausgekleidet und »saugt« allen Schall auf, der am Mikrofon vorbeigeht und im schlechtesten Fall von der Wand gegenüber unschön reflektiert werden könnte. Mit wenig Fläche hat er sich so einen Schallkäfig gebaut, der seinem Klang große Dienste erweist.

Und wie mache ich das? Ich nutze den alten IKEA-Trick. Mein Ministudio steht zu Hause im Kleiderschrank. Umgeben von Hemden und Pullovern steht mein Mikrofon und lauscht meiner sonoren Stimme. Das weiche Material der Kleidung schluckt den Schall. Die kleine Dimension des Schrankes lässt Echos gar nicht erst entstehen und zwei 30 mal 30 cm große Schallabsorbermatten an der Schrankrückwand komplettieren das Schrankstudio. Diesen Trick habe ich mir von Radioleuten und Podcastern abgeschaut, die auch in den eigenen vier Wänden aufnehmen müssen. Viele nutzen gerne den perfekten Sound eines Einbauschranks, die vor allem in den USA in fast jedem Haus zu finden sind. Bei mir gibt es kein Walk-in Closet, ich habe stattdessen ein Speak-into Cupboard.

Studiolösungen für zu Hause

Fußboden

Ein Holzfußboden ist hart und reflektiert Schall. Ein Teppich macht das Leben leichter bei der Gestaltung des Raumklangs. Pivo und ASK. Berlin haben beide Holzböden im Studio. Da der Rest der Räume gegen übermäßigen Hall optimiert ist, ist das jedoch nicht schlimm. Ein Element wie ein Holzboden kann dem Aufnahmeraum auch einen gewissen eigenen Charakter geben. Ein komplett mit Schallabsorbern verkleideter Raum klingt gerne schnell akustisch »tot«. Ein gewisses Raumgefühl sollte bei aller Hallvermeidung also dennoch erkennbar sein. Wie immer kommt es auch hier auf die richtige Dosis an. Der Raum soll nicht stören – das kann er durch zu viel Echo genauso tun wie durch zu wenig.

Bei ASK.Berlin und in meinem Heimstudio liegt auf dem Holzfußboden ein circa 2 mal 3 m großer Dekoteppich aus dem Möbelmarkt. Das ergibt für unsere Bedarfe genau den richtigen Raumklang.

Fenster

Fenster sind das Guckloch zur Welt. Schön, wenn man im Studio mitbekommt, ob die Sonne scheint oder ob es langsam dunkel wird. Aber Glasscheiben haben auch ihre Tücken, denn sie sind zum einen selten wirklich schalldicht. Das heißt, sie lassen Außengeräusche ins Innere. Während ich diese Zeilen tippe, fährt gut hörbar ein laubsammelndes Fahrzeug der Straßenreinigung vor meinem Fenster vorbei. Obwohl ich bei geschlossenen Fenstern im ersten Stock sitze, kann ich mir kaum vorstellen, in diesem Moment eine saubere Audiospur aufzunehmen.

Fenster haben einen weiteren Nachteil. Die großen harten Flächen reflektieren Schallwellen direkt und können eine Quelle für störende Echos sein, denn die Schwingungen des Glases können Geräusche noch verstärken. Es gibt oft nur die Möglichkeit, die Fenster zu schließen und schwere Vorhänge davorzuhängen. Ohne weitere bauliche Veränderungen bleibt eventuell sogar nur der Wechsel in ein anderes Zimmer, das vielleicht ein Fenster zum Hof oder Garten hat. Oft ist auch die Tageszeit hilfreich. Der Laubsauger in meiner Straße wird sicher am frühen Abend ins Depot der Berliner Stadtreinigung BSR verschwinden und es wird wieder leiser in meiner Schreibwerkstatt/meinem Podcast-Studio.

Möbel

Eine hervorragende Methode, den Aufnahmeraum gegen Hall zu optimieren, sind Möbel – je mehr Kissen, Decken und Matratzen, desto besser. Jedes Kissen schluckt Schallwellen und Bettzeug produziert auch kein Echo. Im Studio bei ASK.Berlin stehen zwölf plüschig weiche Kinositze. In meinem Homestudio sind es die Kleidungsstücke, der Dekoteppich, die schweren Vorhänge und das Bett, die in Kombination helfen, nervigen Hall von meinen Podcast-Aufnahmen fernzuhalten.

In meinem Plattenschrank steht ein wunderbares Album von Bruce Springsteen. Die 1982 erschienene LP *Nebraska* wurde von Bruce in seinem Home-recording-Studio aufgenommen. Studio? Naja, Schlafzimmer! Teppich, Bett, Kissen ... alles, was ein Soundprofi wie der Boss brauchte, um einen guten Klang zu gewährleisten.

Möbel helfen – und stören. Auf der veröffentlichten Aufnahme des Songs »Highway Patrolman« ist das Quietschen eines Stuhls deutlich zu hören. Das passiert mir mit meinem Lieblingssitzmöbel – einem Erbstück meiner englischen Oma Nanna – auch hin und wieder. Was beim Boss Kult ist, ist bei mir ein störendes Nebengeräusch. Ich verwende inzwischen daher leider einen seelenlosen, aber soundneutralen Küchenstuhl für meine Aufnahmen.

Praxisgespräch mit Hauke Wagner[15]

Hauke Wagner

Auch der Podcast-Produzent Hauke Wagner hat in der Corona-Zeit seine Arbeit vermehrt ins virtuelle Studio bei www.riverside.fm verlegen müssen. Dort traf ich ihn dann auch zu einem Praxisgespräch zum Thema Technik. Er lud mich also ein, nahm die Folge auf und schickte mir zum Schluss die fertige Datei.

Hauke und ich kennen uns seit Langem und uns eint die große Freude am User-Generated Content. Beide toben wir uns bei YouTube aus und podcasten wie die Weltmeister. Im Jahr 2019 traten wir gemeinsam bei der #KOMK19 der »Kommunalpolitischen Online-Marketing-Konferenz« der Friedrich-Ebert-

Stiftung auf. Er sprach dort über YouTube und ich über den Zauber des Podcastings. Auf meinem YouTube-Kanal findet sich auch noch ein Vlog, der diesen aufregenden Tag im Dortmunder »U« dokumentiert.

Ich bat Hauke, mit mir ausführlich über ein Thema zu sprechen, das ich für notwendig und er für faszinierend hält: Technik! Hauke war immer schon derjenige, der die besten Kameras, Mikrofone und Recorder hatte. Er liebt es, sich mit all den technischen Details zu beschäftigen und die neuesten Geräte in seinen Workflow zu integrieren. Ich komme eher aus der Ecke »Wenn es funktioniert, dann ist es doch gut.« Kontraste erhöhen die Erkennbarkeit des Bilds, daher war Hauke ein willkommener Gesprächspartner für dieses Praxisgespräch. Wir beiden hatten viel Spaß beim Fachsimpeln über Geräte, Software und Aufnahmeprozesse. Hauke berichtete nicht nur von den coolen Gadgets, sondern auch davon, was bei Aufnahmen alles schiefgehen kann.

Dein Online-Studio

»Ich habe alles Mögliche ausprobiert. Seit ungefähr einem Dreivierteljahr gibt es eine neue Seite, von der ich der größte Fan bin. Die heißt www.riverside.fm. Da gibt es unterschiedliche Preismodelle. Ich nutze das günstigste. Da kann ich fünf Stunden im Monat aufnehmen für 17 Euro. Das Besondere ist, dass sowohl derjenige, mit dem ich podcaste, als auch ich selbst eine lokale Spur haben. Diese werden unkomprimiert und unbearbeitet lokal hochgeladen. Die Voraussetzung hierfür ist der Chrome-Browser und eine gute Internetverbindung. Wenn diese beiden Gegebenheiten erfüllt sind, kann man damit eine richtig gute Qualität herstellen. Der besondere Vorteil bei www.riverside.fm ist, dass man sich bei der Aufnahme sieht. Man kann so die Reaktionen auf der anderen Seite gut einschätzen.

Ich finde das sehr angenehm, weil ich die Menschen, mit denen ich spreche, gerne sehe.

Ich habe mit Leif Neugeborn unseren gemeinsamen Podcast viel mit www.tryca.st aufgenommen. Das funktioniert genauso gut. Aber leider ohne Video. Das ist dann wie ein Telefoninterview.«

Dein Mikrofon

»Ich wohne im Altbau, hab hohe Decken und hatte an meinem Schreibtisch immer Hall. Da habe ich mich erkundigt und bin auf die dynamischen Mikrofone gekommen und habe mich auch gleich in den Sound verliebt.«

Equipment

»Das ist wie mit einem Marathon. Man wird nicht besser, wenn man steht oder sitzt. Man muss loslaufen. Meine Empfehlung: nehmen, was man hat, und lernen, während man es tut.«

Dieses exklusive »Podcast-Führerschein Praxisgespräch« findest du unter www.dennniseighteen.de oder du scannst einfach den folgenden QR-Code mit deinem Smartphone:

TEIL 4: POST-PRODUKTION

Was passiert, nachdem du deine Aufnahme »im Kasten« hast? Schnitt, Musik, Effekte: Über all das sprechen wir in diesem Kapitel.

EDITING

Die Post-Produktion beinhaltet alles, was nach der Aufnahme mit der Podcast-Folge passiert, bevor sie zur Veröffentlichung hochgeladen wird. Teile werden also herausgeschnitten, Ein- und Ausblendungen vorgenommen, Spuren einander angeglichen, Musik eingefügt, Filter und Effekte angewendet.

Es gibt hervorragende Software, mit der man sich dieser Aufgabe widmen kann – von professionellen (und relativ teuren) Audiowerkzeugen bis hin zu kostenlosen Open-Source-Lösungen ist alles dabei. Für 90 Prozent der Aufgaben, die meines Wissens in der Post-Produktion eines Podcasts anfallen, reichen Free-Ware-Programme wie Audacity aus, womit ich seit Jahren meine Podcasts schneide. Es gibt mehrere Tonspuren für den Host und die*der Interviewpartner*in oder Musik. Ich kann ein eventuelles Rauschen herausfiltern, Kompressoren und andere Effekte einfügen sowie Hustenanfälle beziehungsweise blöde Versprecher entfernen. Die Oberfläche ist leider etwas lieblos gestaltet, dafür sind aber alle Funktionalitäten vorhanden und nach einer kurzen Einarbeitung gelingt der Arbeitsprozess reibungslos und routiniert. Wie immer heißt es: üben, ausprobieren und (für den Notfall) Sicherheitskopien der Daten erstellen. Wer an einer Stelle nicht weiterkommt, muss nicht verzweifeln. Bei YouTube findet sich immer ein hilfreiches Tutorial. Die wichtigsten Funktionen, um eine Folge zur Veröffentlichungsreife zu bringen, gehen wir auf den folgenden Seiten durch. Es ist schwer, jede Eventualität vorauszusehen, auf die du bei deinem Projekt stoßen wirst, aber wenn du dir die folgenden Seiten genau anschaust, wirst du schnell feststellen, dass auch dieser Teil des Produktionsprozesses kein Hexenwerk ist und richtig Spaß machen kann.

Auch wenn ich dir die Schritte anhand der Software Audacity zeige, heißt es nicht, dass du unbedingt mit ihr arbeiten musst, um dieses Kapitel hilfreich zu finden. Es gibt natürlich Software wie Adobe Audition, die viele Podcaster verwenden. Gerade für diejenigen, die ein Abo für die Adobe Creative Cloud haben, ergibt es Sinn, im eigenen »Ökosystem« auch die Audioproduktionen umzusetzen. Vielleicht bist du aber auch Apple-User und möchtest die für den Mac kostenlose App Garageband verwenden. Auch diese Plattform erfreut sich großer Beliebtheit in der Podcasting-Community. Ich habe mich hier aber für Audacity als Beispiel entschieden, weil es kostenlos ist und sowohl auf Windows- als auch auf Apple-Geräten problemfrei läuft.

Für viele Einsteiger*innen ist es besonders wichtig, möglichst alle notwendigen Funktionen zur Verfügung zu haben, eine übersichtliche Benutzeroberfläche verwenden zu können und sich nicht in zu vielem (und oft viel Vorwissen voraussetzenden) Möglichkeiten zu verheddern. Ich bin zu Beginn meiner Podcast-Reise über ein YouTube-Tutorial bei Audacity gelandet und einfach dabei geblieben. Bisher habe ich keine Funktion vermisst, die ich gebraucht hätte. Garageband und Audition habe ich getestet, mich dann aber nicht in diese Plattformen ausreichend verliebt, um meinen eingeübten Arbeitsprozess zu verändern. Mir war es wichtig, schnell eine Produktionsroutine zu entwickeln, die mir erlaubte, zeiteffizient zu guten Ergebnissen zu kommen. Jede*r findet hier den eigenen Weg. Aber ich glaube, Audacity ist ein guter Startpunkt. Da die Software open-source ist, wird kontinuierlich von der Community der Entwickler*innen daran weitergearbeitet. Neue Funktionen kommen ohne Trara hinzu, so wie eventuelle Fehler still und leise verschwinden – nicht umsonst erfreut sich die Software bei zahllosen Podcastern großer Beliebtheit. Mit großer Liebe zum Detail erläutert das Audacity Entwickler*innenteam die Funktionsweise ihrer Software auf der Manual-Seite.[16] Viele der Funktionen wirst du in der Podcast-Welt nicht brauchen. Falls aber doch, kannst du dich gezielt durch die Erläuterungen auf der Webseite suchen. Im Folgenden geht es darum, die ersten Schritte zu einem gut klingenden Podcast zu gehen, der deiner kreativen Konzeptidee gerecht wird.

SCHRITT FÜR SCHRITT ZUM RICHTIGEN SCHNITT

Ignoriere bitte den Reim in der Überschrift und lass uns schnell loslegen. Du hast deine Aufnahme abgeschlossen und willst dich an die Nachbearbeitung machen. Wo fängst du also an? Als Erstes geht es darum, deine Audiodateien auf deinen Laptop zu bekommen. Danach folgen die fünf Schritte:

1. Spuren synchronisieren
2. Schneiden
3. Pegeln
4. Anpassen
5. Exportieren

Hinter dem Begriff **Synchronisieren** versteckt sich der Arbeitsschritt, der dazu führt, dass alle Tonspuren parallel laufen, also im zeitlichen Ablauf genau zusammenpassen. Das **Schneiden** umfasst das Entfernen von Teilen genauso wie das Verschieben und Einfügen von Abschnitten im Verlauf der Folge. Auch das Hinzufügen von Hintergrundmusik, vorproduzierten Jingles und Intros gehören zu diesem Arbeitsschritt. **Pegeln** ist schlicht das Anpassen der jeweiligen Lautstärke der einzelnen Tonspuren. Hinter dem Wort **Anpassen** versteckt sich viel oder wenig – je nachdem, welche Vorstellung du in Bezug auf das Klangerlebnis deines Podcasts hast. Ein- und Ausblendungen sind dabei das Einfachste. Der Einsatz von Effekten und Filtern führt wiederum bereits in Welten, über die man ganze Bücher schreiben kann. Wir werden in diesem Kapitel die wichtigsten Aspekte kennenlernen, die dich zu einem professionell klingenden Podcast führen, ohne uns zu tief in diese Welt zu graben. Der **Export** ist der letzte Arbeitsschritt, den deine Folge durchläuft, bevor du sie veröffentlichst. Die Editingsoftware führt hier alle von dir vorgenommenen Veränderungen zusammen und erstellt eine finale Audiodatei, deren Parameter du an diesem Punkt selbst bestimmst. Es ist also mehr als ein reines Speichern.

Gehen wir die Produktion einer Folge mal exemplarisch Schritt für Schritt durch.

IMPORTIEREN DER DATEIEN

Du bist mit deiner Aufnahme fertig und möchtest die finale Fassung deiner Folge erstellen. Im ersten Schritt holst du dir deine Dateien auf deinen Laptop. Mac- und Windows-Benutzer erleben hier einen seltenen Moment der Gemeinsamkeit, denn Audacity interessiert es nicht, ob auf deinem Rechner außen ein Apfel oder ein Fenster klebt. Das Programm will dir helfen, das Beste aus deinen Aufnahmen zu machen.

Um deine Audiospuren in Audacity bearbeiten zu können, musst du die Dateien in das Programm importieren. Hier gibt es eine Kleinigkeit zu beachten, die etwas verwirrend ist: Es gibt die Funktion »Öffnen«. Schnell ist man versucht, darauf zu klicken, um die Audiospuren bearbeiten zu können. Damit ist hier aber gemeint, dass bereits angelegte Schnittprojekte gestartet werden. Stattdessen musst du nach der Funktion »Importieren« suchen und dann auf »Audio« klicken.

Audacity: Audiodateien importieren

Das Programm holt sich nun die Audiodateien von deiner Festplatte – je nach Version kann Audacity alle gängigen Audiodateien verarbeiten. Manchmal kann es jedoch Probleme geben. Wenn du zum Beispiel einen Podcast online aufgenommen hast (z. B. über Zoom), kann es sein, dass dir das Dateiformat .mp4 begegnet, womit sich Audacity schwertut. Du wirst aufgefordert, einen Codec zu installieren und musst dich durch diverse Etappen im Audacity-Forum wühlen – an dieser Stelle habe ich irgendwann die Geduld verloren. Freund*innen von mir hatten mehr Erfolg und können nun .mp4-Dateien bearbeiten, während ich mich einfach auf die Suche nach einer pragmatischen und einfachen Lösung gemacht habe, schließlich bin ich kein Audacity-Entwickler, sondern Podcaster mit wenig Zeit (und zugegebenermaßen manchmal zu wenig Geduld). Bei meiner Suche stieß ich auf ein Onlinetool,[17] das so ziemlich jede gängige Audiodatei in ein passendes Dateiformat umwandelt. Seitdem denke ich nicht mehr über Plug-ins oder Codecs nach, sondern investiere maximal zwei Minuten, um meine .mp4s in .mp3s umzuwandeln und mit diesen dann weiterzuarbeiten.

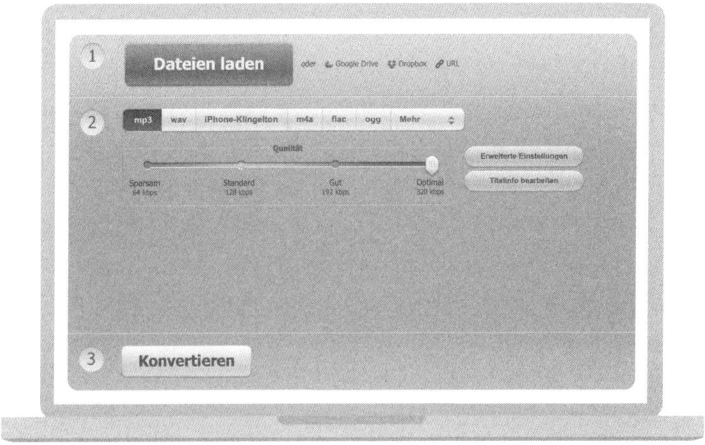

Dateiformate umwandeln mit dem Online-Audio-Converter

Das Tool ist nicht nur umsonst, sondern auch denkbar einfach: Datei hochladen, Zielformat und gewünschte Qualitätsstufe auswählen, auf »Konvertieren« klicken, dann ein bisschen warten und die fertige Datei herunterladen. Weiter geht's mit der Arbeit!

SYNCHRONISIEREN

Importierst du zum Beispiel mehrere Spuren von deinem Digitalrecorder oder von einer Plattform wie www.soundtrap.com, dann beinhalten deine Dateien einen sogenannten Timecode. Das bedeutet, dass alle Aufnahmespuren automatisch synchron zueinander laufen. Du musst dann nichts tun. Wenn du alle Gäste auf einer gemeinsamen Spur aufgenommen hast, weil du zum Beispiel über Zoom oder mit deinem Smartphone das Gespräch mitgeschnitten hast, dann entfällt dieser Arbeitsschritt.

Solltest du das Gespräch aber mit unterschiedlichen Geräten aufgenommen haben, musst du nun die Spuren präzise so zusammenführen, dass sie im gleichen Moment beginnen, dann sauber parallel laufen und am Ende an exakt demselben Punkt enden. Hier kommt es auf absolute Genauigkeit an. Denn wenn du am Anfang etwas unpräzise den gemeinsamen Startpunkt festlegst, verschieben sich die beiden Gesprächspuren immer weiter, dann passen die Wechsel der Stimmen nach einer Weile nicht mehr und das Gespräch ist unbrauchbar. Auch wenn alle Aufnahmegeräte einen Timecode mitliefern, kannst du dich leider nicht darauf verlassen, dass die einzelnen Spuren synchron laufen, denn die Geräte beziehungsweise ihre Time-Stamps sind in der Regel nicht aufeinander abgestimmt.

Du musst also genau hinhören, um feststellen zu können, wie die beiden Spuren zusammenpassen. Das kann friemelige Arbeit sein und viel Zeit fressen. Das Einfachste ist, dass du bereits bei der Aufnahme dafür sorgst, dass die Post-Produktion leichter wird. Und zwar so: Stelle sicher, dass jedes Aufnahmegerät das gesamte Gespräch »hören« kann. Dich nimmt dein Mikrofon natürlich auf, aber in der Regel nicht die Stimme deines Co-Host oder Gasts, denn das passiert am anderen Ende. Das Gespräch läuft vielleicht über Skype, aber ihr wollt gerne ausgezeichnete Aufnahmen haben, deshalb nutzt ihr zwei getrennte Recorder. Ihr hört euch also zwar per Kopfhörer über Skype gegenseitig, aber die Geräte hören nur jeweils eine Seite des Gesprächs.

Dafür braucht es einen kleinen Trick: Bitte dein Gegenüber, die Aufnahme am Recorder zu starten. Du tust das ebenfalls. Dein*e Gesprächspartner*in stöpselt den Kopfhörer kurz ab, sodass der Laptoplautsprecher aktiviert wird. Du klatscht einmal laut (wie eine Filmklappe) in die Hände. Beide Aufnahmegeräte schneiden diesen Klatscher mit und die Aufnahme läuft weiter. Dein Gegenüber verbindet wieder den Kopfhörer mit der Skype-Verbindung und euer Gespräch kann beginnen. Wenn ihr fertig seid, schickt dir dein Gast oder Co-Host die Audiodatei. Du importierst nun deine und seine*ihre wie gewohnt in Audacity. Nun betrachte die abgebildete Visualisie-

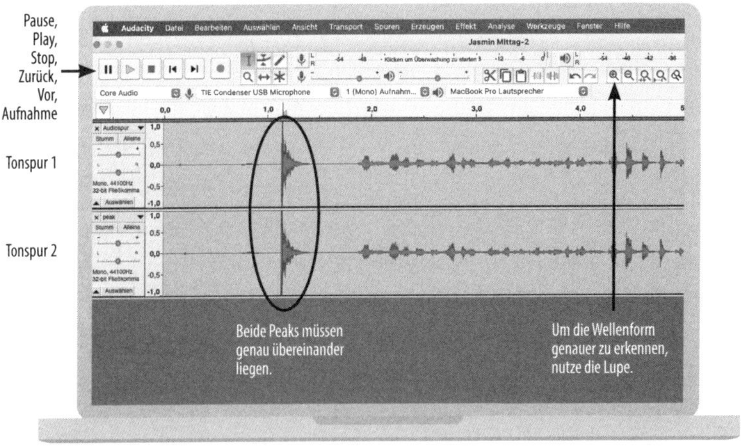

Optisches Synchronisieren von zwei Spuren

rung deiner Tonspuren. Du siehst ein Wellenmuster, das die Audiosignale zeigt – von links nach rechts. Die Lautstärke wird nach oben angezeigt. Dein Klatschen siehst du auf den ersten Blick. Eine einzelne, sehr spitze Amplitude (Peak) ragt wie eine Bergkuppe aus dem Gebirge des Tonwellenmusters heraus. Du entdeckst auf den ersten Blick in beiden Spuren ein identisches Bild. Vielleicht ist der Peak nicht exakt gleich hoch, weil dein Mikro das Klatschen lauter »gehört« hat als das Mikrofon deiner*s Gesprächspartner*in, aber das Muster ist unmissverständlich das gleiche. Nun schiebst du einfach beide Spuren so übereinander, dass beide Peaks exakt übereinander liegen. Höre dir dann ein paar Minuten das Gespräch an und verfolge die Einsätze und Sprechpausen. Klingt alles so, als wäre es mit demselben Mikrofon im gleichen Raum aufgenommen worden? Gibt es Übersprechungen, ruckelige Einsätze, unlogische Pausen? Wenn ja, sind die Spuren nicht präzise synchronisiert. Dann nutze das Lupenwerkzeug, um das Wellenbild zu vergrößern. Schau nach, ob die beiden scharfen Zacken im Wellenprofil wirklich exakt übereinander liegen. Bessere so lange (und behutsam) nach, bis es passt und dein Lauschtest dir sagt: Jetzt stimmt alles. Ein letzter Test verschafft dir dabei Gewissheit: Höre nur die Stelle mit dem Klatschen noch einmal laut (und mit Kopfhörern) an. Hörst du wirklich nur einen Klatscher oder zwei? Manchmal klingt eine kleine Unsauberkeit wie ein kurzes Echo des Klatschers. Das bedeutet, dass du noch nicht ganz am Ziel bist. Hörst du wirklich nur einen Klatsch und nichts anderes? Dann hast du es geschafft. Das klingt jetzt alles vielleicht kompliziert, aber es ist der einfachste Weg. Mach dies ein- oder zweimal und du wirst sehen, dass kaum ein Arbeitsschritt so unkompliziert ist wie das »optische« Synchronisieren. Du nutzt also für die Lösung einer Tonaufgabe primär deine Augen!

SCHNEIDEN

Ich erinnere mich noch gut, wie mein Vater in den 1980er-Jahren mit einer Rasierklinge und speziellen Klebestreifen Super-8-Filme bearbeitete. Teile unserer Urlaubsreise wurden herausgeschnitten und an anderen Stellen wieder in unsere Homemovies integriert. Der Arbeitsprozess war immer derselbe: störende oder woanders besser passende Sequenzen identifizieren, diese dann herausschneiden und wegwerfen oder woanders einfügen. Die Gründe waren unterschiedlich – mal ging es um technische Fehler, mal waren es dramaturgische Entscheidungen.

Während mein Vater noch mit Klinge und Klebefilm seinen Aufnahmen zu Leibe rückte, geht das heute bei Film- und Audiodateien digital. Die Editingsoftware Audacity erlaubt dir, mit wenigen Klicks Teile aus deinen Podcast-Aufnahmen zu entfernen, zu verschieben oder Audioschnipsel aus anderen Dateien (wie Intro, Jingle, Musik, Zwischenmoderation, Werbeblock, Outro etc.) in deine Folgen einzufügen. Um zu verstehen, wie dieser Arbeitsschritt funktioniert, gilt es, sich an ein paar Funktionen aus der Textverarbeitung zu erinnern. Wenn du zum Beispiel in Word einen Text schreibst, dann bist du si-

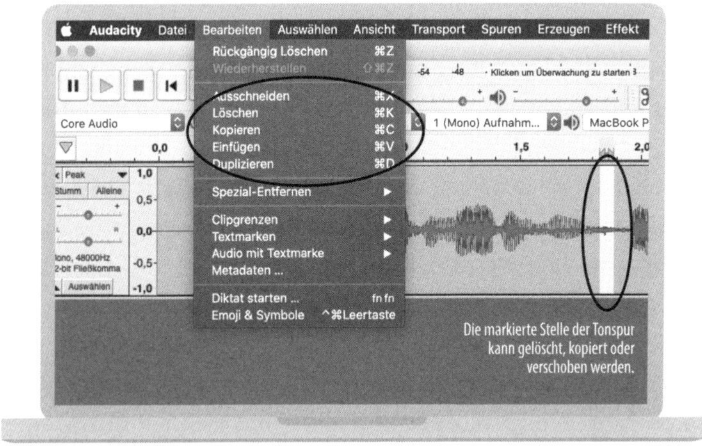

Schneiden: kopieren, löschen, einfügen

cher mit den Funktionen des Markierens bestimmter Passagen sowie dem »Copy/Cut and Paste« vertraut. In Audacity funktioniert das Löschen, Kopieren und Verschieben exakt so. Du kannst also vieles von deinen vielleicht täglichen Abläufen auch hier anwenden – das macht die Grundfunktionen von Audacity so schnell erlernbar. Sieh also die Wellenformen der Spuren als eine Art Textdokument, das du von links nach rechts (statt von oben nach unten) lesen kannst.

Du kannst das Lesen mit den Ohren aber auch mit den Augen machen. Im Normalfall hörst du dir eine Stelle genau an und verfolgst mit den Augen, wie sich die Linie, die die aktuelle Stelle in der Aufnahme anzeigt, von links nach rechts bewegt. Du hörst etwas, was du entfernen möchtest, und siehst dabei die Wellenform. Du wirst im Laufe der Zeit feststellen, dass du ziemlich schnell lernst, die Wellenformen mit dem Gehörten in Einklang zu bringen, ein Husten wird dann einfach zu identifizieren für dich. Du markierst das Stück, das dem Husten entspricht, hörst kurz rein, ob du das richtige Wellenstück ausgewählt hast und tippst auf ENTF oder die Backspace-Taste – weg ist der Husten. Höre dir die Spur erneut an und achte darauf, ob der störende Teil sauber verschwunden ist und der Gesprächsfluss ungestört weiterläuft. Die Markierung der gewünschten Stelle kannst du mit der Maus erledigen oder du klickst an den Sequenzanfang und markierst dann mit der Tastenkombination Shift+Pfeiltaste (links oder rechts).

Wenn du mit mehreren Spuren arbeitest, ist es wichtig, dass du immer alle Spuren als Ganzes verstehst. Wenn du nur in einer Spur etwas entfernst, dann schließt sich die Lücke und diese Spur wird kürzer – danach würde sie dann asynchron zu den anderen Spuren verlaufen.

Beim Schneiden stößt du sicher an Punkte, an denen ein einfaches Herausschnippeln nicht das Mittel der Wahl ist. Stell dir vor, du bearbeitest ein Gespräch, das auf zwei Spuren aufgenommen wurde: Eine Person spricht, die andere räuspert sich zeitgleich. Du möchtest aber natürlich den Gesprächsfluss nicht unterbrechen, nur weil die Person, die eigentlich gerade leise ist, ein störendes Geräusch produziert hat. Daher möchtest du dieses Stück einfach »stummschalten«,

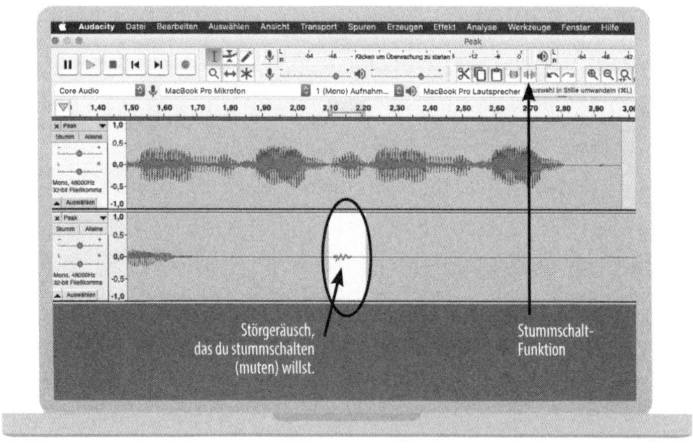

Stummschalten von störenden Sequenzen

statt es zu löschen. Dafür hält Audacity eine sehr komfortable Lösung bereit: Oben in der Werkzeugleiste findet sich ein Knopf für diesen

Zweck, markiere also das störende Geräusch in der entsprechenden Spur und klicke auf das Werkzeug. Die Lautstärke des Räusperns ist auf Null geschaltet, ohne es zu löschen, und somit bleiben auch deine Spuren insgesamt synchron.

PEGELN

Unter Pegeln versteht man die Anpassung der Lautstärken der einzelnen Spuren, sodass der Gesamtklang der Aufnahme ausgewogen ist. Leise Sprecher*innen werden etwas lauter gemacht, laute Sprecher*innen wiederum etwas leiser. Musik, die nur im Hintergrund leise mitlaufen soll, kannst du herunterregeln, sodass sie einen schönen Klangteppich für das gesprochene Wort bildet. Bei Audacity kannst du jede Spur einzeln laut und leise regeln. Dafür findest du im linken Bildschirmbereich einen Schieberegler.

ANPASSEN

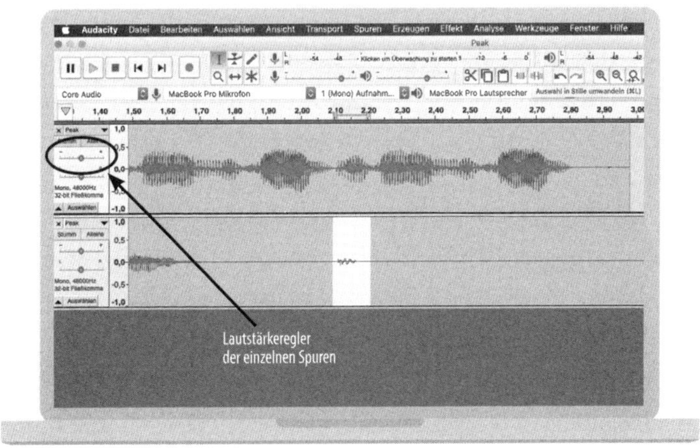

Anpassen der Lautstärke einzelner Spuren

Wenn du an diesem Punkt deiner Post-Produktion angekommen bist, hast du viele der komplizierten und manchmal arbeitsintensiven Schritte bereits hinter dir. Du hast deine Dateien in Audacity importiert, deine Spuren laufen synchron, die Lautstärken stimmen, ungewollte Stellen sind entfernt, Teile wurden kopiert, ausgeschnitten oder an anderer Stelle wieder eingefügt. Im Prinzip ist dein Podcast also fertig und die Folge erzählt deine Geschichte, deine Botschaft wird transportiert. Fertig! Naja, fast ..., denn jetzt müssen beziehungsweise wollen wir deinem Sound noch ein wenig Make-up verpassen, damit er nicht nur im Schummerlicht attraktiv aussieht.

Der wichtigste Schritt zum guten Sound liegt – wie bereits erwähnt – bei der Auswahl des passenden Mikrofons und der Kontrolle über die Aufnahmesituation. Jetzt müssen lediglich die letzten zehn Prozent noch draufgelegt werden. Dein Konzept ist mit so viel Herzblut erarbeitet worden, dass wir uns mit den bereits erreichten 100 Prozent nicht zufriedengeben wollen – 110 Prozent sollten es mindestens sein.

Audacity bietet dir dafür eine ganze Reihe von möglichen Effekten, die man sich genauer anschauen sollte. Es gibt aber auch die Möglichkeit, deine Folge durch eine »Aufhübsch«-Automatik zu schicken und damit diesen Prozess abzuschließen. Dafür werde ich dir später eine Internetplattform vorstellen, die dir einige der im Folgenden beschriebenen Aufgaben abnimmt. Da diese Option aber kostenpflichtig ist, sollten wir uns die drei, aus meiner Erfahrung, wichtigsten manuellen Schritte zur Verbesserung der Soundqualität dennoch vorher genauer anschauen.

Ein-/Ausblenden (Fade in/out)

Diese Funktion ist leicht verständlich und noch leichter anzuwenden. Musiker*innen würden diesen Effekt mit Crescendo beziehungsweise Decrescendo übersetzen. Deine Tonspur beginnt bei der Lautstärke 0 und wird linear lauter, bis die von dir festgelegte Maximallautstärke des Tracks erreicht ist. Im Wellenbild sieht das aus wie ein nach rechts oben ansteigendes Dreieck. Beim Ausblenden, also beim Reduzieren der Lautstärke, erfolgt dieser Effekt spiegelverkehrt.

Um diesen Effekt anzuwenden, gehst du wie folgt vor: Du klickst mit der Maus an die Position in deiner Timeline, an der der Effekt beginnen soll, ziehst die Markierung über die Strecke, über die die Ein- bzw. die Ausblendung angewendet werden soll, klickst dann in der Menüleiste den Punkt »Effekte« und wählst Ein- oder Ausblenden aus. Automatisch wird der lineare Verlauf des Fade in/Fade out berechnet und angewendet.

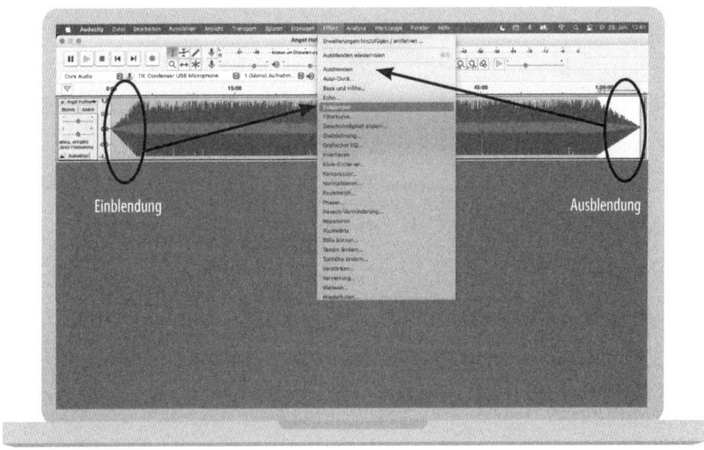

Anwendung des Ein-/Ausblendeeffekts

Rauschreduzierung

Es ist unwichtig, wie viel Mühe du dir bei der Aufnahme gibst, es kann dennoch passieren, dass sich ein unvorhergesehenes Rauschen einschleicht. Blöde Sachen passieren. Das ist aber dennoch kein Grund zur Verzweiflung, denn es gibt eine wunderbare Funktion in Audacity, die dir dabei hilft, das Rauschen zu reduzieren, manchmal sogar bis zu einem fast völligen Verschwinden.

Um den Filter effektiv anwenden zu können, musst du bei deiner Aufnahme ein bisschen mithelfen. Der Rauschunterdrücker muss messen können, welche der vielen Frequenzen deiner Aufnahme das Rauschen ist, die herausgerechnet werden soll. Nimm also bei jeder Aufnahme, bei der dir das Rauschen aufgefallen ist, ein paar Sekunden auf, ohne dass jemand ins Mikrofon spricht, starte die Aufnahme und warte einen Moment ganz still – atme am besten auch nicht in Richtung des Mikrofons. Deine Aufnahme weist somit eine kurze Strecke auf, in der ausschließlich das ggf. zu erwartende Rauschen zu hören ist. Die Quelle ist an dieser Stelle egal – ein Kabel, eine Stromversorgung oder eine Deckenlampe. Oft kann man nicht nachvollziehen, wo das Rauschen herkommt und kann es nicht physisch abstellen. Du kannst es aber erkennen, indem du es aufnimmst und dann Audacity zeigst, welches Stück deiner Aufnahme das nervige Rauschen ist. Wenn das Programm verstanden hat, wie das Rauschen klingt, kann es gezielte Gegenmaßnahmen ergreifen.

Du markierst das Stück deiner Tonspur, welches das pure Rauschen aufweist. Dann wählst du aus dem Menü »Effekte« die Funktion Rauschverminderung aus, jetzt öffnet sich ein Dialogfenster und du klickst auf den Button »Rauschprofil ermitteln«. Das Dialogfenster schließt sich nun wieder. Jetzt markierst du die gesamte Spur und öffnest erneut die Funktion »Rauschverminderung«. Das Programm hat dein eben gemessenes Rauschprofil gespeichert. Wenn du jetzt auf »OK« klickst, rechnet Audacity das ermittelte Rauschen aus der gesamten Spur heraus. Wenn du die Spur danach anhörst, wirst du erstaunt sein, wie gut dieser Filter arbeitet.

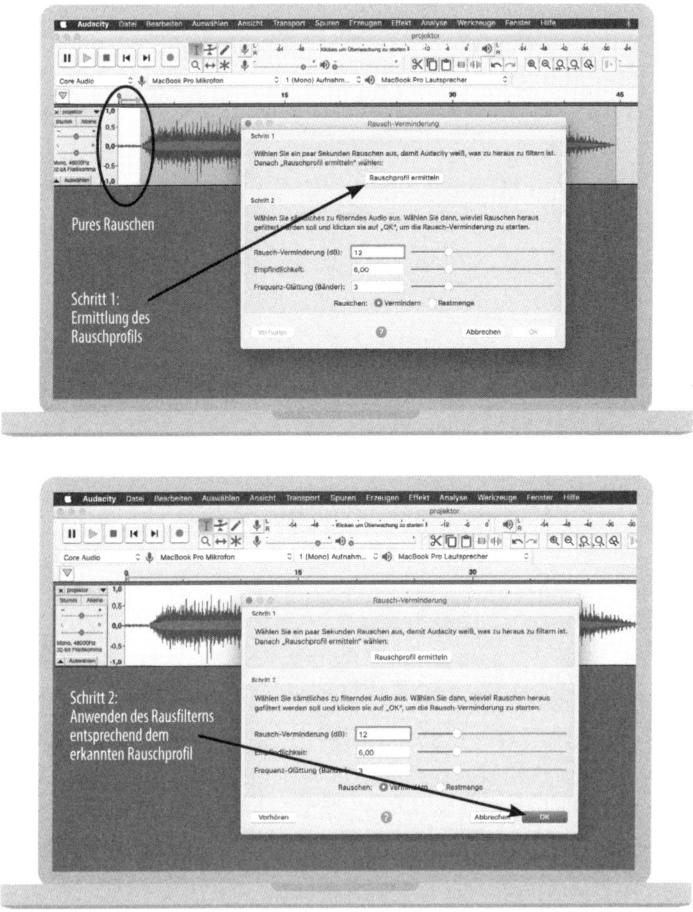

Anwenden der Rauschverminderung

Kompressor

Im Menü »Effekte« findet sich ein weiteres beliebtes Tool für die Nachbearbeitung von Podcasts, das ich auch standardmäßig verwende: der Kompressor. Dessen Anwendung ist denkbar einfach, denn du markierst deinen gesamten Podcast und klickst im Menü auf Kompressor.

Danach musst du ein paar Sekunden warten, während Audacity die Berechnung durchführt. Das Ergebnis ist ein merklich harmonischerer Gesamteindruck des Klangbildes.

Aber was genau macht der Kompressor eigentlich? Ein Fall für einen Anruf bei dem Musikproduzenten und meinem regelmäßigen Gast im Podcast: Pivo Deinert. Seine Kurzerläuterung bringt die Funktionsweise dieses Filters gut auf den Punkt.

> *»Ein Kompressor kommt dort zum Einsatz, wo plötzliche Lautstärkesprünge auftreten. z. B. spontanes lautes Lachen deines Interviewpartners. Durch das Komprimieren dieser lauteren Bereiche sorgt er für eine gleichbleibende Lautstärke deiner Podcast-Aufnahme.«*
>
> Pivo Deinert, Produzent und Musiker

Diese Einhegung der Lautstärkesprünge erlaubt es dir, die Gesamtlautstärke deines Podcasts anzuheben, ohne dabei Verzerrungen hervorzurufen. Gerade Radiosender nutzen dieses Tool viel für ihre Produktionen, um einen besonders druckvollen Klang zu erzeugen, zum einen, um sich gegen Nebengeräusche (wie im Auto) behaupten zu können, und zum anderen, um auf all den verschiedenen genutzten Lautsprechern maximale Leistung zu bringen, ohne dass es scheppert oder zerrt. Ein Effekt, der besonders bei günstigen Lautsprechern in Kompaktradios vorkommt, denn diese stoßen schnell an ihre Grenzen. Da ist die Vermeidung von Ausreißern im Lautstärkespektrum dementsprechend hilfreich.

Der Audacity-Kompressor bietet viele Möglichkeiten der Individualisierung. Ich habe bisher für meine Podcasts die Grundeinstellung verwendet und war damit immer zufrieden. Wenn du dich an dieser Stelle auf die Suche nach einer Verfeinerung des Klangbildes begeben willst, hilft Audacitys Online-Manual. Solltest du mit anderen Bearbeitungsprogrammen wie Garageband arbeiten, findest du komfortable Kompressorprofile, die du nur auswählen musst – für Podcast-Stimmen lohnt sich die Einstellung »Narrator«.

Wenn du vorhast, mit einem externen Digitalrecorder zu arbeiten und in Audacity einen Kompressor anzuwenden, empfehle ich, vorher ein paar Testaufnahmen zu machen. Viele Digitalrecorder bieten einen Kompressor gleich mit an, der bereits bei der Aufnahme greift. Wenn du dann in der Nachbearbeitung erneut einen Kompressor anwendest, kann das zu ungewollten Merkwürdigkeiten im Gesamtklang führen. Ich hatte selten Probleme, aber hin und wieder klang es auf einmal nicht mehr wie gewünscht, weil der doppelte Kompressor zu viel des Guten war. Probiere also ruhig ein bisschen herum und finde den für dein Set-up und deine Arbeitsweise richtigen Weg, um deinen Sound zu optimieren.

Alternative: automatische Klangverbesserung

Wenn du dich ein bisschen scheust, die unterschiedlichen Filter und Effekte anzuwenden, weil du vielleicht nicht beurteilen kannst, was wirklich gut klingt, oder weil du ein begrenztes Zeitkontingent für deinen Podcast hast, dann kannst du dich auch auf die beinahe magischen Fähigkeiten einer automatisierten Klangverbesserung einer Zusatzsoftware einlassen. Hierfür kann ich dir www.auphonic.com empfehlen. Diese Plattform kann dir viel bei der Verbesserung deines Klangbildes abnehmen und bietet nette Zusatzfunktionen an, wie die Herstellung von kleinen Filmchen, die aus einem Foto, einer animierten Klangwelle und einem Soundschnipsel oder deiner gesamten Folge bestehen. Diese kannst du entweder zum Marketing deines Podcasts nutzen oder sogar die ganze Folge auf deinen YouTube-Kanal laden, um hier Podcastfans zu finden.

Auphonic ist kostenpflichtig, bietet aber ein kostenloses monatliches Startvolumen von zwei Stunden an, um dich durch die Funktionen zu testen. Erst wenn du für dich entschieden hast, dass die

Plattform gut in deinen Arbeitsprozess passt, kannst du das Abo für 9 Euro pro Monat abschließen, was dein Volumen auf monatlich neun Stunden erhöht. Solltest du zum Podcast-Profi werden, kannst du auch noch größere Pakete buchen. Gerade für Agenturen oder Produzent*innen, die mehrere Podcasts betreuen, kann das durchaus sinnvoll sein.

Das Spektrum der Klangverbesserung, die automatisch erfolgt, besteht aus einzelnen Bausteinen, die du einzeln aus- oder einschalten kannst:

- Der **Leveler**: Diese Funktion passt automatisiert die Lautstärkenabstände zwischen Spuren (wie Musik und Sprache) an oder pegelt unterschiedliche Sprachspuren auf dieselbe Lautstärke. Das sorgt für ein harmonisches Gesamtbild deiner Folge.
- Der **Loundness Normalizer**: Dieser Effekt sorgt für die einheitliche, maximale Lautstärke, ohne etwas zu verzerren. Damit ist die Funktion des Kompressors gleich mit abgedeckt. Hiermit verspricht Audacity einen Radiostandard.
- Die **Audio Restoration** filtert ungewünschtes Rauschen, Sirren und Brummen aus dem Gesamtklang heraus. Damit lässt sich im Notfall das ein oder andere Missgeschick beheben.

Solltest du mehrere Einzelspuren gleichzeitig von Auphonic bearbeiten lassen, bietet die Plattform einen **Multi-Algorithmus**, der die Spuren unabhängig voneinander anpasst, störende Elemente identifiziert und entfernt.

Selbst, wenn du alle Produktionsschritte manuell in Audacity oder einer anderen Software vornehmen möchtest, schadet es nicht, dir einen kostenlosen Testaccount anzulegen und nur bei besonders kniffligen Produktionen oder Zeitdruck auf die Plattform zuzugreifen. Ich selbst gehe so vor. Mein Arbeitsprozess findet in der Regel in Audacity statt, aber hin und wieder bin ich unzufrieden mit dem Gesamtklang und komme manuell nicht weiter, dann nutze ich die Automatikrettung von Auphonic. Für meine privaten Podcasts reicht die kostenlose Version völlig aus. Es ist mein Rettungsboot – gut, wenn man es nicht braucht, aber beruhigend, wenn man weiß, dass man es bei rauerer See zur Verfügung hat.

Musik

Die passende Musik kann deinen Podcast massiv aufwerten. Ein cooles Intro, ein stimmungsvoller Klangteppich oder ein kraftvolles Outro: Mit Musik lässt sich viel machen. Emotionen werden geweckt oder verstärkt, eine Folge kann in Kapitel unterteilt werden und ein passendes Pad (Hintergrundmusik) trägt die Stimme des Hosts elegant durch den Podcast.

Kaum ein Podcast kommt inzwischen noch ohne Musik aus. Aber woher bekommt man gute Musik und wie sieht es mit den Nutzungsrechten aus? Mein nichtjuristischer Rat lautet wie folgt: Mach keinen Quatsch und verlasse dich nicht darauf, dass es keiner merken wird. Erstens merkt es immer jemand und zweitens ist die Verwendung von Musik ohne Erlaubnis eine Urheberrechtsverletzung gegenüber den Komponist*innen, Produzent*innen und Musiker*innen. Diese Berufsgruppen haben Zeit, Kreativität und finanzielle Mittel in ihre Werke gesteckt, daher erwarten sie zu Recht, für die Nutzung entlohnt zu werden. Auch als Podcaster schaffen wir Werke, die wir anderen Menschen zugänglich machen, und obwohl Podcasts in der Regel kostenfrei verfügbar sind, wollen wir sicher nicht, dass jemand anderes unsere Aufnahmen für die eigenen (ggf. sogar kommerziellen) Zwecke verwendet, ohne sich mit uns zu einigen, wofür und zu welchen Konditionen unsere Aufnahmen genutzt werden dürfen. Wir sind also im selben Boot wie unsere Kolleg*innen der Musikszene. Daher sollte ein bedachter Umgang mit Musik selbstverständlich sein.

Wer dennoch geschützte Musik verwendet, wird schnell merken, wie gut die Erkennungsalgorithmen der einzelnen Plattformen funktionieren. Spotify, Apple und Co. verbreiten selbst innerhalb ihrer Bezahlmodelle Musik und haben Verträge mit der Musikindustrie. Nicht zuletzt aus eigenem Interesse sorgen sie daher dafür, dass Musik, die von ihren Programmen als nicht erlaubt (urheberrechtlich geschützt) erkannt wird, geblockt wird. Über die Jahre hat sich eine große Anzahl Jurist*innen auf den Bereich Urheberrecht spezialisiert und mahnt in hoher Schlagzahl Menschen ab, die Bilder, Musik, Videos oder Texte ohne Genehmigung auf ihren Webseiten verbreiten. Um gar nicht erst ein Risiko einzugehen, sollten auch wir Podcaster besonders vorsichtig sein.

Ich möchte dir hier nicht den Spaß verderben, sondern dich für dieses Thema sensibilisieren, daher machen wir jetzt einen harten Schwenk und schauen uns die Möglichkeiten an, die du hast, um deinen Podcast mit passenden Musikstücken auszustatten. Es gibt eine Vielzahl von Optionen, die sicher, mindestens kostengünstig (wenn nicht sogar kostenlos), aber dennoch qualitativ hochwertig sind. Drei Wege stehen dir dafür offen: Musik selbst machen, Rechte direkt von Rechteinhaber*innen kaufen oder Stockmusik-Plattformen nutzen.

Selbst machen

Die Welt des User-Generated Contents hat an vielen Stellen eine hohe Professionalitätsstufe erreicht. Dennoch ist es die extra Dosis Kreativität und Do-it-yourself-Attitüde, die zu großartigen und individuellen Ergebnissen führt. Für Geld bekommt man alles für den eigenen Podcast – natürlich auch Musik. Aber wie wäre es, wenn du dich auch bei diesem Arbeitsschritt auf dich selbst verlässt? Du bist Musiker*in? Ok, dann hast du wahrscheinlich sowieso viele Ideen, spielst das ein oder andere Instrument und brauchst keine weiteren Tipps.

Was aber, wenn du außer ein bisschen Blockflöte in der Grundschule keine musikalischen Erfahrungen vorzuweisen hast? Kein Problem. Auch da gibt es Wege, wie du zu selbst gemachter Musik für deinen Podcast kommst, denn ein bisschen Experimentierfreude und Spaß am Spieltrieb bringt dich zum Ergebnis. Es kommt ganz drauf an, wie kompliziert deine Idee ist. Irgendwann stößt man natürlich an zeitliche Grenzen oder die Fähigkeiten reichen nicht aus, um eine Idee für einen Jingle oder Soundteppich umzusetzen. Aber du wirst dich wundern, was alles schon geht, ohne gleich Musiker*in sein zu müssen.

Das Intro des *Dennis Eighteen Podcasts* sowie der Klangteppich unter der Sprachspur bei *Traumbilder* sind das Ergebnis eines Abends mit meinem iPad auf dem Sofa. Die App Garageband erlaubt es Soundtüftler*innen ohne musikalische Vorbildung, coole Sounds, Rhythmen, Effekte und Loops zusammenzuschieben, die am Ende als .mp3-Dateien abgespeichert werden können. Nachdem man die Logik der Drag&Drop-Bedienung verstanden hat, lässt sich die App intuitiv bedienen.

Du kannst auch Aufnahmen integrieren, die du mit deinem Audiorecorder aufgenommen hast, oder eine Stimmaufnahme direkt in Garageband vornehmen. Für einen Klangteppich habe ich zum Beispiel Vogelgezwitscher aus einer Hecke auf einem Berliner Spielplatz verwendet, das ich während des ersten Corona-Lockdowns aufgenommen hatte. (Ich weiß noch, wie ungewohnt schön und gleichzeitig verstörend es war, dass Berlin plötzlich so leise war, dass ich ohne Autogeräusche pures Vogelgezwitscher sauber aufnehmen konnte.) Garageband ist eine Apple-Software, die leider nicht auf Android-Geräten läuft.

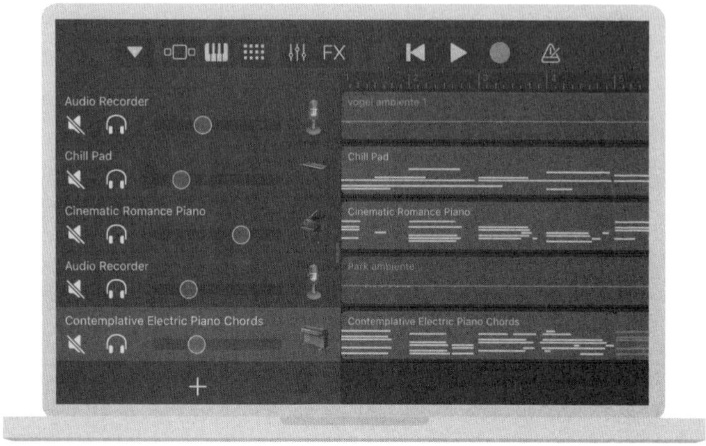

Ansicht eines Musikstücks, die in der App Garageband erstellt wurde

Eine weitere – und vom Betriebssystem des Telefons/Tablets unabhängige – Möglichkeit ist ein Projekt der US Library of Congress. Das Citizen DJ-Projekt[18] hat die riesigen Mengen an Audioaufnahmen des Amerikanischen Bundesarchivs in einer Datenbank zusammengeführt, die eine DJ-Schnittstelle hat. Über eine einfach Mini-Software, die direkt auf der Webseite im Browser integriert ist, kannst du dich aus Millionen unterschiedlicher Tondokumente bedienen und diese mit Beats mischen. Spielerisch entstehen so unfassbar bunte und coole Hip-Hop-Stücke, in die Musikaufnahmen, Stimmen von einfachen Bürger*innen und Personen der Zeitgeschichte verarbeitet werden können. Das Sample-Ergebnis kannst du dann auf deinem Rechner speichern und frei für alles verwenden, was du willst. Ein cooles Intro oder ein eigenwilliges Klangbett kannst du so binnen Sekunden basteln. Du klickst dich einfach durch, schiebst hin und her, nutzt Zufallsgeneratoren und fertige Beats. Das Projekt ist wirklich ein echtes Bürger*innen-DJ-Studio.

Wie wäre es, wenn du zum Beispiel die Spielzeuginstrumente aus dem Kinderzimmer deiner Kids oder von Nachbar*innen ausleihst (oder für zwei bis drei Euro auf dem Flohmarkt kaufst)? Ein gutes Aufnahmegerät hast du ja bereits. Klimpere dann ein bisschen auf ihnen herum, schiebe die »Musik«-Spur in Audacity, lege einen abgefahrenen Effekt darüber, den du sonst nie nutzen kannst, und sprich deinen Intro-Text wiederum darüber. Du wirst dich wundern, wie cool eine kleine Idee klingen kann. Ein Glockenspiel, eine Mundharmonika, eine Blockflöte oder eine Triangel – aus all diesen kindlichen Merkwürdigkeiten können ein paar beeindruckende Sekunden herausgeholt werden, die mit ein wenig Nachbearbeitung überzeugend klingen. Es geht hierbei nicht darum, ganze Songs zu komponieren. Du brauchst zum Beispiel für ein Intro nur wenige Sekunden. Oft reichen dafür zwei bis drei Töne – und fertig ist der Jingle. Hör mal in Katarina Barleys Podcast rein. Die Einstiegsmelodie ist nichts anderes als ein Finger auf dem Klavier. Oder der Podcast *Die K-Frage* mit Lars Klingbeil und Kevin Kühnert: Dort erklingt am Anfang eine Ukulele. Lässigkeit und ein bisschen Mut zur Improvisation sind oft mehr wert als ein Rundfunkorchester.

Direkt kaufen

Du kannst natürlich auch auf Profis zurückgreifen, um deinen Podcast musikalisch aufzuwerten. Viele Musiker*innen ab dem gehobenen Amateuer*innenlevel freuen sich über die ein oder andere Nebeneinkunft. Entweder fragst du Musiker*innen aus dem Bekanntenkreis, sprichst Straßenmusiker*innen an, suchst in Facebook-Gruppen nach einer*m passenden Kooperationspartner*in oder du lauscht dich durch die Streams auf Plattformen wie www.soundcloud.com. Dort hosten nicht nur viele Podcaster ihre Folgen, sondern es gibt hier auch viele Indie-Bands und Einzelkünstler*innen zu entdecken. Du kannst sie über die Plattform direkt ansprechen und sie fragen, ob sie nicht Musik im Bestand haben, die sie dir verkaufen würden.

Stockmusik-Plattformen

Natürlich gibt es im Netz neben Stockplattformen für Fotos und Videos auch solche, die sich auf Musik spezialisiert haben. Es gibt die Möglichkeit, Abos für einen unbegrenzten Zugang zu riesigen Musikdatenbanken abzuschließen oder einzelne Stücke zu kaufen. Im Abobereich ist derzeit www.epidemicsounds.com äußerst beliebt, denn die Musik ist hochwertig, modern und gut gegliedert. Die Verwendungsrechte sind eindeutig geklärt und du kannst als Einzelperson für monatlich 13 Euro aus dem Vollen schöpfen. Bei Plattformen wie www.premiumbeat.com kannst du auch einzelne Stücke kaufen, wobei die Tracks bei ca. 13 US-Dollar pro Stück anfangen, da landest du schnell bei 50 Dollar pro Musikstück bei Einzelkäufen. Bundles (also mehrere Tracks im Paket) bieten hin und wieder attraktive Angebote.

Wenn du dein Budget im Blick behalten willst und vielleicht gar nicht so viel Musik brauchst, dann bieten kostenfreie Plattformen einen reichhaltigen Fundus an Songs an, die du rechtlich sauber nutzen kannst. Zu erwähnen ist hier in erster Linie www.incompetech.com. Diese Plattform wird von dem Musiker Kevin MacLeod betrieben und funktioniert nach dem Creative-Commons-Modell. Du kannst die Tracks kostenlos nutzen, wenn du im Gegenzug deren Quelle angibst. Kevin bleibt Urheber der Stücke, aber er erlaubt dir, sie zu nutzen. Im Gegenzug machst du Werbung für seine Seite und so fließen durch den erhöhten Traffic auf seiner Webseite die Sponsoringeinnahmen an Kevin. Um das zu ermöglichen, bekommst du für jeden heruntergeladenen Song einen Text, den du eins zu eins kopieren musst und in deine Shownotes deiner Folgen einfügen musst. Wenn du das nicht möchtest, kannst du jeden Song auch für 20 Dollar kaufen. Es bleibt also dir überlassen, ob du den Künstler direkt bezahlst oder ob du Menschen auf seine Webseite aufmerksam machst und ihm auf diesem Weg zu Einnahmen verhilfst.

… oder du fragst mich

Ich möchte, dass du schnell loslegen kannst mit deinem Podcast-Projekt. Daher habe ich einige kleine Musikstücke auf meine Homepage gelegt, die du gerne für deine Produktionen verwenden darfst. Die Dateien sind kostenlos und sollen dich unterstützen. Ich würde mich freuen, wenn sie dir helfen, dein Projekt schnell in Gang zu bringen. Du findest die Musikdateien auf www.denniseighteen.de. Es wäre nett, wenn du mich als Quelle der Musik in deinen Shownotes erwähnst.

Projekt speichern und Folgen exportieren

Die allerletzten Klicks stehen nun bevor und deine Podcast-Folge ist fast fertig. Nachdem du dein Konzept geschrieben, deine Technik eingerichtet, die Aufnahme durchgeführt und die ganze Nachbearbeitung abgeschlossen hast, siehst du nun die fertige Folge vor dir. Einblendungen, Ausblendungen, Effekte, Lautstärkeangleichungen hast du sorgsam vorgenommen und Musik an den passenden Stellen eingefügt. Du hast ein ganzes Podcast-Projekt abgeschlossen. Nun gilt es im ersten Schritt, dieses Projekt zu speichern. Audacity versteht unter »Projekt« alles, was du jetzt auf deinem Bildschirm siehst – all die vielen Arbeitsschritte, die zur fertigen Folge geführt haben, werden als Ganzes gespeichert. So kannst du zu einem späteren Zeitpunkt noch mal an einzelnen Details feilen. Klick also im Menü »Datei« auf »Projekt speichern«.

Nun kommt der Abschlussklick des Produktionsprozesses deiner Folge. Du musst alle Audiospuren und Effekte et cetera zu einer finalen Folge zusammenführen – mit dem »Exportieren«. Du musst dich entscheiden, in welchem Dateiformat du deine Folge finalisieren willst, dafür stehen mehrere Formate zur Auswahl. Für Podcasts kommen in der Regel .mp3- oder .wav-Dateien infrage – wobei Erstere wesentlich kleiner als Letztere ausfallen, was den Vorteil hat, dass sie schnell hochgeladen, verschickt und gestreamt werden können. Der Nachteil ist, dass .mp3-Dateien die ursprünglichen Audioinformationen stark komprimieren, damit die Datei kleiner wird. Dabei gehen Details verloren.

Hört man den direkten Vergleich derselben Aufnahme des unkomprimierten .wav- und.mp3-Formats, bemerkt man die Unterschiede schnell. Der .mp3-Codec analysiert die Ursprungsdatei und ermittelt, welche Frequenzen einander überlagern. Diese Teile werden reduziert. Der Codec nimmt also – unwissenschaftlich beschrieben – die Teile aus der Datei raus, die man »eh nicht hört«, weil andere Teile sie »maskieren«. Das Ergebnis ist immer noch eine sehr gut klingende Audiodatei. Der*die Hörer*in merkt kaum einen Unterschied. Das »Kaum« wird noch dadurch verstärkt, dass wir heutzutage fast keine unkomprimierten Audioinhalte mehr konsumieren. Radiosender komprimieren stark, Streamingdienste liefern ebenfalls stark reduzierte Datenmengen aus. Das Ergebnis: Wir haben uns an den Klang von mp3s gewöhnt. Das einigermaßen gut klingende und kompakte Audioformat ist in unserem Alltag der Standard geworden. Hinzu kommt, dass wir unsere Musik und Podcasts meist über Lautsprecher und Kopfhörer hören, die auf die Klangform der gängigen Audioprodukte abgestimmt sind. Unter audiophilen Musikliebhaber*innen gibt es viele lebhafte Diskussionen, wie viel besser .wav-Dateien und dass .mp3s von niederer Qualität seien. Präzise Messungen und die Hörerfahrungen geschulter Ohren werden hier als Beweis angeführt. Sicher haben diese Audio-Expert*innen recht. Aber ohne direkten Vergleich und ohne Hi-End-Equipment ist der Unterschied in der Tat zu vernachlässigen, daher kannst du dich ohne schlechtes Gewissen für die Verwendung einer mp3 für deinen Podcast entscheiden.

Nichtsdestotrotz empfehle ich, eine .wav-Datei zu verwenden. Denn die Plattformen, über die Podcasts konsumiert werden, komprimieren deine Folge erneut, um sie auszuspielen. Du vermeidest somit eine »doppelte« Kompression mit (im schlechtesten Fall) unterschiedlichen Codecs. Wenn du eine unkomprimierte Datei hochlädst, wird sie beim Streamen nur einmal »kleingerechnet«.

Die Plattformen, auf denen du deinen Podcast hosten wirst, bieten meist kostenlose Probeabos an. Diese sind in der Regel nicht auf Datenmengen, sondern auf Minuten begrenzt. Das bedeutet, auch hier gibt es keinen Grund, die Daten von dir aus zu reduzieren. Das Hauptargument für die Verwendung von .mp3-Dateien ist die Frage von Speicherplatz und Datenleitungen. Speicher sind aufgrund von Cloud-Diensten und großen Festplatten fast irrelevant. Aber solltest du zum Beispiel in einer Gegend ohne Breitbandanschluss wohnen oder ein begrenztes Datenvolumen haben, dann ist es wenig sinnvoll, die Kosten nach oben zu treiben oder eine Ewigkeit den Upload-Status anzustarren. In meiner YouTube-Zeit habe ich oft genug abends auf »Hochladen« geklickt, um dann ins Bett zu gehen, um mich am nächsten Morgen über das »Fertig« zu freuen.

Eine weitere Frage, die du entscheiden musst, ist eine, über die wir seit Jahrzehnten nicht mehr nachgedacht haben: Stereo oder Mono? Wer hätte gedacht, dass wir in den 2020er-Jahren diese Frage überhaupt noch einmal stellen würden. Ich dachte, bevor ich zum Podcaster wurde, dass diese Frage ausschließlich für Hardcore-Beatles-Fans reserviert sei. Ihr wisst nicht, wovon ich spreche? Dann macht euch eine Flasche Wein auf, dimmt das Licht, fahrt den Laptop hoch und taucht tief in die Welt der Foren von Musikfans der Pilzköpfe ab. Waren die Beatles in Mono besser als in Stereo? Oder doch nicht? Was ist der authentische Liverpool-Sound? Wenn du nach mehreren Stunden erschöpft in einen unruhigen Schlaf sinkst, sei dir gewiss: Es gibt keine abschließenden Antworten. Aber es scheint Freude zu machen, sich über die Fragen zu streiten. In der Podcast-Welt stellt sich die Frage nicht aus audio-ästhetischer Sicht, sondern aufgrund des Hörverhaltens der Podcast-Hörer*innen – viele von ihnen lauschen ihren Lieblingspodcasts nämlich mit nur einem »Knopf« im Ohr. Das ergibt unter anderem im Straßenverkehr, beim Shopping oder Joggen Sinn, schließlich will man (auch aus Sicherheitsgründen) mitbekommen, was um einen herum so alles passiert. Wenn du die Elemente deines Podcast also, wie ein Musikproduzent, sorgfältig und mit Bedacht im (links-rechts) Stereo-Panorama verteilst, wird sich dein Podcast für Hörer*innen mit nur einem Kopfhörer im Ohr merkwürdig anhören, weil Teile fehlen. Wenn du nicht explizit auf ein Stereo-Erlebnis mit deinem Podcast abzielst, dann solltest du dich auf das Format der Beatles prä-*Abbey Road* festlegen.

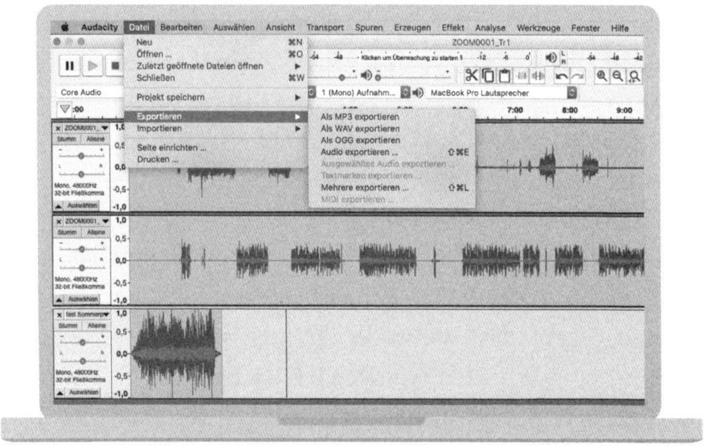

Exportieren der fertigen Podcast-Folge

TEIL 5: HOSTING UND DISTRIBUTION

Wie kommt dein Podcast eigentlich in die Ohren deiner Community? Alles, was du über Hosting, Verbreitung und Podcatcher-Apps wissen musst, findest du in diesem Kapitel.

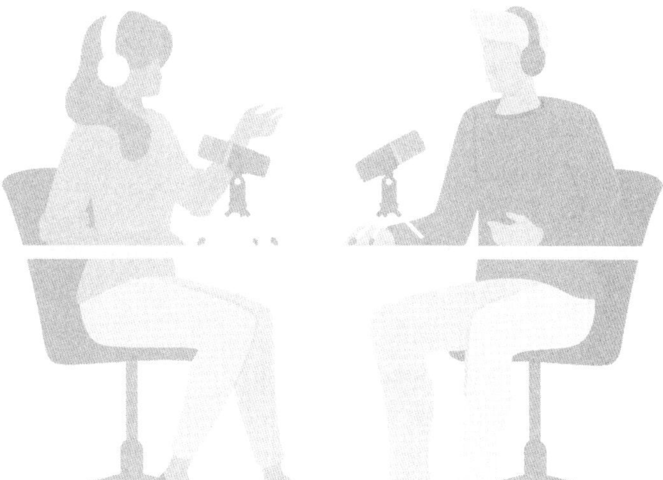

HOSTING UND VERBREITUNG

Deine erste Podcast-Folge ist fertig! Wie aufregend! Aber wie kommt sie nun in die Ohren deiner Community? Um den Weg von deinem Laptop auf die unterschiedlichen Podcastplatt-Formen zu finden, bedarf es zweier Schritte: Hosting und Distribution (Verbreitung).

Es gibt unterschiedliche Wege, die es zu beschreiten gilt. Lass uns mit dem Weg beginnen, wie meine beiden Haupt-Podcasts sich den Weg zu den Trommelfellen meiner Hörer*innen suchen. Schritt 1 ist das **Hosting.** Das bedeutet so viel wie: Hier liegen die Audiodateien und von hier aus können sie verbreitet werden. Meine Podcasts lade ich zu www.soundcloud.com hoch. Hier sieht es ein bisschen so aus, als sei es YouTube für die Ohren. Es gibt Kanäle mit Logos, Kanalprofilen, Playlists, Kommentarfunktionen und alles sonst, was man von Googles Videoplattform noch kennt – nur eben ohne Videos. Soundcloud ist eine eigene Audiowelt, in der viel los ist. Bereits an diesem Ort kann dein Podcast ein Publikum finden. Es gibt eine App, mit der Hörer*innen Inhalte konsumieren können und Podcaster ihre Folgen hochladen, Shownotes schreiben und Statistiken betrachten können. Wäre Soundcloud ein (quasi) Monopolist wie YouTube, gäbe es kaum einen Grund, über eine weitere Verbreitung nachzudenken. Das Publikum ist aber in der Audiowelt auf eine Vielzahl von Podcatchern – die Plattformen, über die Podcasts gehört werden – verteilt. Da gibt es die Großen wie Apple Podcast (iTunes), Spotify, Google Podcast, Stitcher, Deezer und Co. Aber es gibt auch unzählige kleinere Apps, mit denen man auf Podcasts zugreifen kann. Du solltest versuchen, möglichst viele Plattformen mit deinem Content zu erreichen.

Im Gegensatz zu YouTube/Soundcloud liegen auf den Podcatchern keine Dateien. Die Apps ziehen sich lediglich die Datenströme von der jeweiligen Hosting-Plattform. Für dich bedeutet das, dass du deine Dateien nur einmal hochladen musst. Die Verbreitung dahinter erfolgt dann automatisch. Das Hosting kostet in der Regel eine Gebühr, weil hier kostbarer Serverplatz benötigt wird, aber die Verbreitung auf die Podcatcher-Apps ist kostenfrei. Soundcloud berechnet für das Paket Unlimited Pro (welches ich gebucht habe) derzeit 99 Euro pro Jahr. Ein kostenloser Testaccount ermöglicht dir, drei Stunden Content zu hosten, bevor du dich für das Bezahlmodell entscheiden musst.

Dein Datenstrom wird vom Hoster zu den Podcatchern mittels eines RSS-Feeds transportiert. Das klingt wahnsinnig kompliziert – ist es aber nicht. Selbst der Name RSS (Really Simple Syndication) behauptet das: Die drei Buchstaben versprechen eine »wirklich einfache Verbreitung« und so funktioniert es auch.

Dein Hoster stellt dir ein Stück Code zur Verfügung, der aussieht wie eine Internetadresse. Dieser identifiziert deinen Content-Stream und muss bei den Podcatchern hinterlegt sein. Damit ist die Brücke gebaut. Es gibt eine direkte Verbindung zwischen Ablageort deiner Dateien und der Stelle, an dem andere sie abrufen können. Das Spannende an dieser Technologie ist, dass der RSS-Code nicht einmalig eine Datei von A nach B transportiert, sondern wie eine dauerhaft bestehende Rohrleitung funktioniert. Wann immer du neue Inhalte an deinem Hosting-Ort ablegst, fließen diese neuen Dateien automatisch zu den Podcatchern. Das gilt für neue Podcast-Folgen ebenso wie für Änderungen an der Beschreibung deines Kanals. Auch deine Shownotes und Kanallogos et cetera werden kontinuierlich auf die Podcatcher-Apps gespiegelt. Du musst dieses System nur einmal anlegen und dann geht es von sich aus weiter.

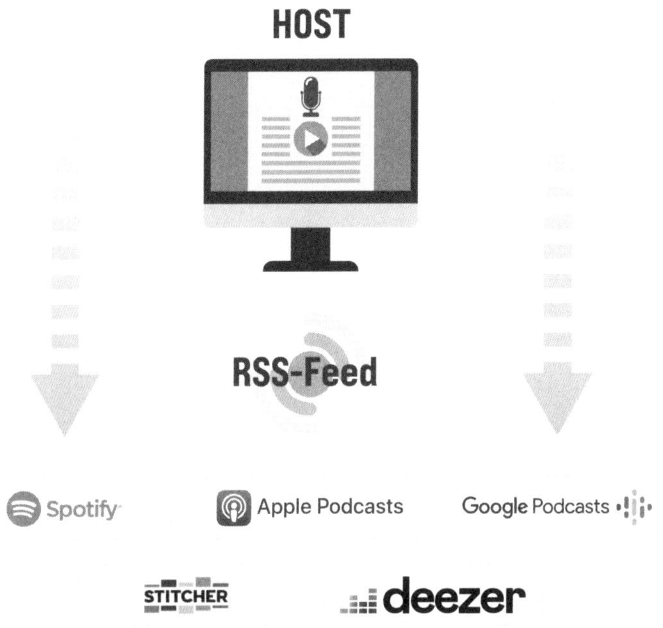

Verbreitung deines Podcasts

Es gibt Podcatcher, denen du den RSS-Code mitteilen musst, während andere sich deinen Feed automatisch ziehen. Apple Podcast verlangt zum Beispiel von dir, dass du den Code manuell in iTunes Connect einträgst – wie auch Spotify und Stitcher. Google Podcast zieht sich den Stream nach einer gewissen Wartezeit automatisch. Dies gilt zumindest für das Hosting bei Soundcloud. Andere Hoster haben Kooperationen mit unterschiedlichen Plattformen und verbreiten deinen Podcast vollautomatisch. Ich würde dir empfehlen, dich auf der Basis des Preises und der Benutzerfreundlichkeit für ein passendes Hosting zu entscheiden. Ich bin bei Soundcloud gelandet, weil es vor Jahren die einzige Plattform war, die ich kannte, und weil alle Podcasts, die ich hörte, dort gehostet wurden. Ich bin wirklich zufrieden und habe auch ehrlicherweise keine Lust, meinen Kanal umziehen zu müssen.

Wer es besonders einfach und kostenlos haben möchte, der nutzt zum Beispiel den Dienst von www.anchor.fm. Die Podcasting-App hat zusätzlich eine Browseranwendung, bietet daher kostenloses Hosting und automatische Distribution. Wer aber zum Beispiel mehrere Podcasts hostet und viele Zusatzfunktionen nutzen möchte, ist bei www.podigee.com gut aufgehoben. Wer eine besonders nahtlose Verbindung zu Spotify sucht, ist bei deren Kooperationspartner www.libsyn.com gut aufgehoben.

Wenn du dich wie ich für Soundcloud als Hoster entscheidest, musst du deinen Verbreitungsmechanismus via RSS-Feed einmalig einrichten. Danach kannst du dich auf die Produktion neuer Inhalte konzentrieren. Und so geht es:

Schritt 1: Einrichtung deines Accounts bei deinem Hoster Soundcloud

Du benötigst eine E-Mail-Adresse, ein Logo oder Foto für deinen Kanal. Du schreibst eine kurze Beschreibung der Inhalte deines Podcasts und gibst deine Homepage, deine Social-Media-Kanäle und so weiter an. Du kannst mit dem kostenlosen Testaccount beginnen und später das größere Paket hinzubuchen.

Schritt 2: Hochladen deiner ersten Folge

Es empfiehlt sich, mit einem kurzen Trailer zu beginnen. In ein bis drei Minuten stellst du deinen neuen Podcast vor, sagst, wer du bist und gibst einen Eindruck vom zu erwartenden Sounderlebnis. Das Hochladen selbst ist denkbar einfach: auf den »Hochladen«-Button klicken, die Datei auf deiner Festplatte auswählen und los.

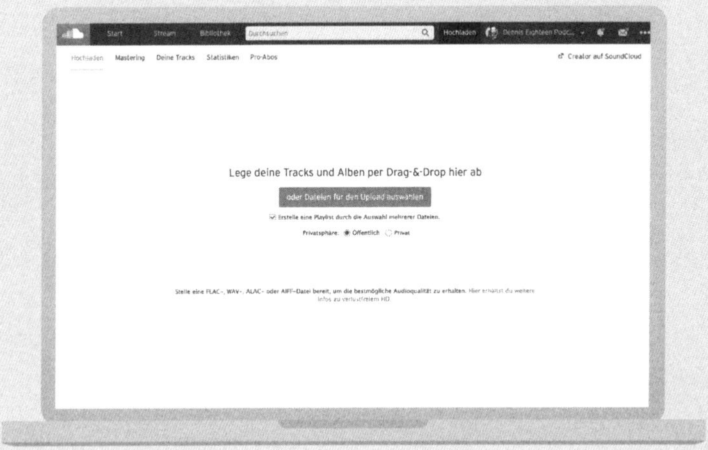

Schritt 3: Ausfüllen der Shownotes

Das ist der Text, der zu jeder Folge ausgefüllt werden sollte. Hier erläuterst du, welche Inhalte deine Hörer*innen in dieser speziellen Folge erwarten. Gib hier auch die Kontaktmöglichkeiten eventueller Talkgäste an. Es empfiehlt sich, auch hier ein paar Worte über deinen Podcast als Ganzes zu hinterlegen. Liste zudem ein paar gute Stichworte (Keywords) auf, die den Suchmaschinen (SEO) dabei helfen, deine Inhalte zu finden.

Außerdem hinterlegst du an dieser Stelle auch die Information, ob deine Folge sofort veröffentlicht werden oder erst einmal privat bleiben soll, oder ob du die Veröffentlichung terminieren möchtest.

Wähle noch einen passenden Titel für die Folge und suche dir eine Kategorie aus, in die deine Inhalte passen. All dies hilft deinem Publikum, im späteren Verlauf dein Angebot zu finden.

Schritt 4: Berechtigung erteilen

Klicke auf den Reiter »Berechtigung« und setze die Häkchen bei »Direkte Downloads aktivieren« und »In RSS-Feed einbeziehen«. Damit ist deine Folge ein Teil deines Datenstroms zu den einzelnen Plattformen. Nun noch auf »Speichern« klicken und fertig ist dieser Schritt. Herzlichen Glückwunsch! Deine erste Podcast-Folge ist im Internet verfügbar!

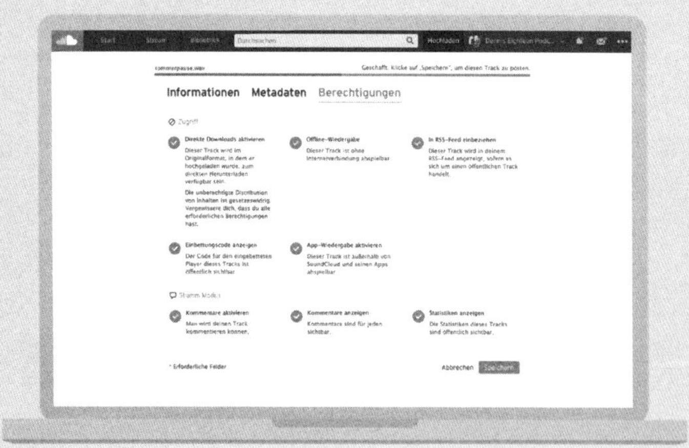

Schritt 5: Verbindung per RSS-Feed zu den Podcatchern herstellen

Dafür brauchst du den bereits erwähnten RSS-Code, den du in den Einstellungen deines Kanals findest. Klick dafür auf die drei Punkte oben rechts auf deinem Bildschirm. Dort findest du unter »Inhalt« den entsprechenden Code, den du mit kopierst, um ihn dann bei den unterschiedlichen Podcatchern zu hinterlegen.

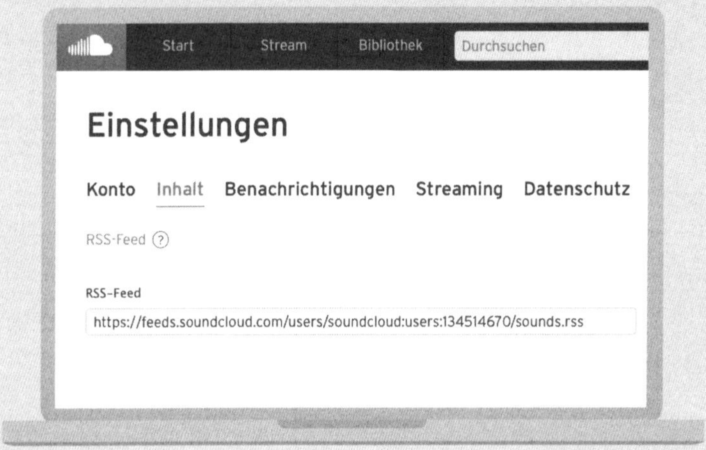

Schritt 6: Exemplarisch: deinen Podcast zu Apple Podcast weiterleiten

Dieser Schritt ist im Prinzip bei allen Podcatchern gleich. Um deinen Podcast auf alle Apple-Geräte zu bekommen, musst du dir eine Apple ID auf www.apple.com anlegen. Das geht auch, ohne ein iPhone, iPad oder Mac zu besitzen. Danach musst du auf der Seite https://podcastsconnect.apple.com/ deine(n) Podcast(s) einrichten. Du klickst auf das »+«-Zeichen oben links und fügst deinen RSS-Feed in das freie Feld ein. Klicke auf »Überprüfen« und schon siehst du: Apple zieht sich alle relevanten Informationen deines Podcasts. Nun musst du nur noch auf »Übermitteln« klicken und dann beginnt das Warten darauf, dass Apple dich freischaltet – der letzte Schritt vor dem Abschluss. Wenn du nun in der Podcast-App auf allen Apple-Geräten nach deinem Podcast suchst, wirst du gefunden. Ein wirklich aufregender Moment, der ein kaltes Getränk deiner Wahl rechtfertigt.

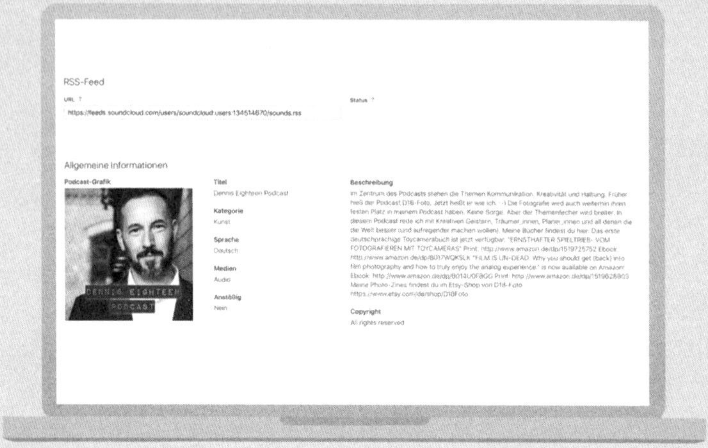

HERZLICHEN GLÜCKWUNSCH:
DU BIST JETZT EIN PODCASTER!

Praxisgespräch mit Leif Neugeborn[19]

Leif Neugeborn

... und manchmal geht auch etwas schief!

Ein ehrliches Wort zum Schluss. Du kannst viele Bücher zum Thema Podcasting lesen, dich durch unzählige Tutorials bei YouTube zappen und jahrelang Podcasts aufnehmen – dennoch rennt man manchmal gegen eine Wand, ist irgendwie der Wurm drin, lässt einen all das Wissen und die Erfahrung einfach im Stich. Du machst alles wie immer, aber trotzdem will es nicht klappen. Du verhaspelst dich andauernd, mitten im Gespräch vergisst du den Namen deines Gasts, du musst husten oder bekommst einen Lachanfall. Oder in der Technik steckt ein kleiner Teufel, der mit viel Freude alles durcheinanderbringt. Das WLAN ist auf einmal zu schwach und das Mikrofonkabel knackt. Deine Aufnahmesoftware hat ein Problem ...

Denk dran: Nichts und niemand ist perfekt.

Mit meinem Podcast-Kollegen und Freund Leif Neugeborn habe ich mich über dieses Thema unterhalten. Und wer hätte es gedacht? Die Podcastgött*innen haben wirklich Humor, denn genau bei diesem Praxisgespräch ging wirklich alles schief. Wir mussten unser Gespräch an drei Tagen viermal aufnehmen: Erst hatte Soundtrap ein Problem und nahm nur meine Spur auf, Leif blieb also stumm. Beim zweiten Versuch vertrug sich Riverside nicht mit meinem Vorverstärker. Beim dritten nahmen wir über die Anchor-App auf – ein schöner, einfacher und sicherer Weg, aber unsere Bluetooth-Kopfhörer sorgten für einen gruseligen Sound, als stünden wir 1980 in zwei Telefonzellen. Beim vierten Mal hat es dann doch tatsächlich geklappt. So viel zu »Aller guten Dinge sind drei«! Mit dem USB-Mikrofon am Laptop und Leif per Riverside dazugeschaltet. Alles klappt – technisch! Aber dafür war dann mein Sprechapparat bzw. mein Gehirn ziemlich im Winterschlaf. Immerhin nannte ich Leif beim dritten Anlauf nicht mehr Kai ... Also schnell aufnehmen und Daumen drücken.

Leif und ich haben uns bewusst dazu entschieden, alle unsere (naja, meine) Stolperfehler transparent zu machen. Wir wollen keine große Show abziehen und dir lieber das echte Podcaster-Leben zeigen – dazu zählen eben auch Rückschläge und Neuanfänge. Hab also Mut, stürze dich in die schönste Sache seit Schokolade und podcaste los. Wenn etwas nicht klappt, dann nimm es mit Humor und mach einfach weiter. Viel Spaß auf deinem Weg. Ich bin neugierig, wohin er dich führt. Schicke mir gerne eine Nachricht über das Kontaktformular auf meiner Homepage und berichte mir von deinem Podcast-Projekt. Ich bin wirklich gespannt!

Teures Equipment?

»Wie viel Ausrüstung brauchst du, um erfolgreich zu sein? Muss es teure Ausrüstung sein?‘ Das begleitet mich schon ganz lange. Ich

habe es häufig nicht geschafft, mich vernünftig zu verhalten. Trotzdem ist es am Ende nie die Ausrüstung, die das Ergebnis macht, sondern die Ideen und der Mensch dahinter.«

Die Schalloptimierung in deinem Büro-Studio?

»Da hab ich angefangen, mir dicke Teppiche reinzulegen ... Ich hab mir Akustikelemente gekauft. An der Wand habe ich welche aus Basotect-Schaum. Die sind sechseckig. Die kann man mit farbig bespanntem Filz kaufen. Das ist auch ganz nett vom Design. Davon habe ich bestimmt 50 bis 60 Stück hier drin. Die kriegt man im 6er-Pack. Da steht dann drauf, das verbessere die Akustik total. Was sie nicht reinschreiben ist: ›ja, wenn du dir zehnmal dieses Pack kaufst.‹ Das alleine hat ein paar Hundert Euro gekostet. Wo ich dann Geld sparen wollte, war die Decke. Ich habe mir im Teppichgeschäft weißen Teppich bestellt. Den habe ich mir dann an die Decke gemacht. Das war ein riesiger Akt. Mein Tipp: Sprühkleber. Das hält. Wenn ich nicht in meinem Büro aufnehmen würde, hätte ich mir nicht die teuren Schallelemente gekauft, sondern hätte mir bei IKEA ein paar Decken gekauft oder ein paar billige Matratzen. Es braucht einfach dickes Material, welches möglichst viel Schall aufsaugt.«

Podcastlänge

»Wir beide sprechen schon lange über das Thema. Du hast immer gesagt, mach es so lang, dass man dazu joggen gehen kann. Und ich habe immer gesagt: ›Ich höre gar nicht gerne so lange. Ich will lieber eine Viertelstunde haben und ich höre dann lieber drei Podcasts. Aber mach das schön knackig.‹ Ich glaube, beides ist richtig. Für beides gibt es einen Markt. Du machst inzwischen auch mal kürzere und ich auch längere. Wir haben uns da total angenähert. Es gibt da kein Falsch und Richtig.«

Das Praxisgespräch findest du auf meiner Homepage www.dennis-eighteen.de oder du scannst einfach den nachfolgenden QR-Code:

WENN ICH MIR ETWAS WÜNSCHEN DÜRFTE …

Ich wünsche dir mit deiner Podcast-Reihe unglaublich viel Spaß. Du wirst sehen, dass es sich lohnt, Zeit, Mühe und ein bisschen Taschengeld zu investieren. Egal, ob du nach einem neuen Hobby suchst oder dir vorgenommen hast, deinen Podcast als Teil deines Berufs einzusetzen: Es wird eine aufregende Reise voller Entdeckungen und spannender Begegnungen.

Wenn ich auf meine bisherige Zeit als Podcaster zurückblicke, bin ich immer wieder erstaunt, was aus meiner Schnapsidee geworden ist. In einer Zeit, als ich mich beruflich in einer Sackgasse fühlte, gewann ich damit neue Perspektiven. Ich konnte mich in Themen reinwühlen, die nur mir gehörten und niemandem sonst. Ich durfte Gespräche mit Menschen führen, deren Kreativität und Persönlichkeit mich zutiefst beeindruckten. Und ich schaffte es, meine Podcast-Leidenschaft zum Beruf zu machen. Naja, wenigstens teilweise.

Ich erinnere mich noch zu gut an meine Schulzeit, als ich mit meinen Freunden Tiemo und Sven zum ersten Mal mit *DTS-Radio* auf Sendung gingen – »D« und »T« waren in der 8. oder 9. Klasse und »S« war ein gutes Jahr älter. Wir drei saßen um ein Doppelkassettendeck herum und moderierten uns durch Radiosendungen, die gefüllt waren mit Albernheiten, Grüßen ans Publikum, »Nachrichten«, Sketchen mit verstellten Stimmen und unserer Lieblingsmusik. Die Kassetten schleppten wir in die Schule und bearbeiteten den Stellvertretenden Schulleiter so lange, bis er es uns endlich gestattete, die Tonanlage in der Aula/Pausenhalle unserer Schule zu benutzen. Diese Anlage war riesig: In einen Schrank eingebaut gab es einen Kassenspieler, einen Verstärker, Equalizer und wahnsinnig viele Kippschalter und Regler. Niemand hatte uns gezeigt, wie man eine »Radiosendung« aufnahm. In die Soundanlage der Aula gab es keine Einweisung und der Vize-Rektor der Schule hatte nicht einmal gefragt, was auf der Kassette drauf sei. Wir hatten unsere Kreativität und Freude aktiviert, die technischen Hürden überwunden und übernahmen nun die Verantwortung für den Inhalt dessen, was aus den großen Boxen durch die Pausenhalle der Julius-Leber-Gesamtschule schallte. Es dauerte nicht lange, bis wir Rückmeldungen bekamen. Wir schauten durch eine Klappe in die volle Aula und beobachteten unsere Mitschüler*innen. Einige ignorierten uns, andere fanden es peinlich und ein paar gaben uns positive Rückmeldungen. »Coole Aktion!« Dass aus diesem DTS-(Piraten-)Radio keine Institution in unserer Schule wurde, war nur der Tatsache geschuldet, dass wir gleich zum nächsten großen Kreativprojekt weiterzogen: Tiemo spielte Schlagzeug, ich Gitarre, also wurde es Zeit, unsere ersten »Podcast«-Gehversuche auf Eis zu legen und »Rockstars« zu werden. Oder Schauspieler, oder Hörspielproduzenten oder Schulzeitungsredakteure ...

Man könnte sagen, das war doch alles »nur Spielkram«. Das stimmt vielleicht sogar. Aber wo wären wir ohne den Spieltrieb, die Abenteuerlust, den Mut und die Lust auf Neues? Wie leer wären unsere Zeitungen, unsere Theater? Wie trostlos das Fernseh- und Radioprogramm? Wie sinnlos das Internet? Es braucht Menschen, die sich an die kindliche Freude erinnern, die entsteht, wenn man die eigene Fantasie zum Antrieb nimmt, Neues auszuprobieren und dann etwas zu erschaffen, was es vorher nicht gegeben hat. Und vor allem braucht es Menschen, die dieses Gefühl auch als Erwachsene zu wecken imstande sind. Man kann diesem Gefühl viele Namen geben. Ich denke, der passendste ist schlicht Kreativität.

Jeder Mensch ist kreativ. In uns allen steckt diese Energie, die es uns ermöglicht, neue Wege einzuschlagen, Probleme zu lösen und etwas zu erschaffen, was vorher nicht existierte. Es gibt keine unkreativen Menschen. Es gibt nur welche, die behaupten, dass sie unkreativ seien. Doch ich bin der Überzeugung, dass jeder Mensch das hat, was es braucht, um etwas entstehen zu lassen, das es sich mit anderen zu teilen lohnt. **Ich wünsche mir, dass du dein kreatives Feuer entfachst.** Der Schlüssel dazu ist ein ernsthafter Spieltrieb. Frei und wild, aber mit Plan, Ziel und Durchhaltevermögen.

Du hast dir dieses Buch gekauft, weil du dich für das Thema Podcasts interessierst. Du hast eine Idee, willst der Welt etwas erzählen und kannst es kaum erwarten, loszulegen. Dann lege dieses Buch nun beiseite, setz dich vor dein Mikrofon und drücke auf Aufnahme. Probiere dich aus, höre auf Feedback, entwickle dich weiter und melde dich zu Wort.

Als ich meinen ersten öffentlichen Vortrag über Podcasts hielt, begann ich mit den Worten: »Wer etwas zu sagen hat, podcastet.« Ich bin gespannt, was du zu sagen hast und wie deine Persönlichkeit zum Vorschein kommt.

Wenn ich mir etwas wünschen dürfte ..., dann lass mich hören, was aus deiner Idee geworden ist. Lade deinen Podcast hoch, teile ihn auf deinen Social-Media-Kanälen und verlinke mich bei deiner ersten Folge, damit ich von deinem Projekt erfahre. Ich bin wirklich wahnsinnig gespannt und neugierig!

DANKSAGUNGEN

Ich möchte meiner Familie herzlich für ihre Geduld mit mir und meinen vielen Herzensprojekten danken. Ich weiß, ich bin sau-anstrengend! Aber ihr seid wundervoll!

Außerdem danke ich all jenen, die meine Podcasts hören, und allen Zuschauern und Zuschauerinnen, die mich über die Jahre bei YouTube begleitet haben.

All denjenigen, die mit ihren Gastauftritten meine Podcast-Folgen bereichert haben: 1000 Dank für eure Offenheit und die Bereitschaft, dabei zu sein!

All den Podcast-Kolleg*innen sowie dem Musikproduzenten Pivo Deinert, die sich bereit erklärt haben, mich bei diesem Buchprojekt mit Tipps und Erfahrungsberichten zu unterstützen – dafür verdient ihr mindestens eine Maxi-Schachtel Merci!

An alle Kolleg*innen von ASK.Berlin einen lieben Gruß und Dank für die Zusammenarbeit und die (gefühlt) eine Million Projekte. Ich habe schon in einigen Bands gespielt, aber diese hier rockt echt! Wer in Berlin ist und eine Kommunikationsagentur sucht, die das schönste Podcasts-Studio der Stadt betreibt, möge in der Bülowstraße 66 vorbeischauen. Mehr dazu auf www.ask-berlin.de.

ANMERKUNGEN

1 https://www.creativelive.com/blog/chase-jarvis-different-just-better/
2 Aus „Lay Your Hands on Me“ vom Album *New Jersey*.
3 www.judith-doeker.de
4 www.disselkamp.org
5 http://www.deborah-ruggieri.de
6 Foto (c) Kai Flockenhaus www.ichundmeincrohn.de
7 www.katarina-barley.de
8 www.karuna-sozialgenossenschaft.de
9 www.anchor.fm
10 www.deborah-ruggieri.de, Foto: @catberrystudios
11 www.pivo.de
12 Nein, es waren weder Alkohol noch andere Drogen im Spiel. Wir berauschten uns an unserer eigenen Albernheit. Klappt hervorragend!
13 www.markus-siebert.de
14 Foto © Pivo Deinert 2020
15 www.haukewagner.de
16 https://manual.audacityteam.org
17 www.online-audio-converter.com
18 https://citizen-dj.labs.loc.gov
19 www.magnecon.de